AF544438

Lena Zeise

Schreibschriften

Für Margarete Heitland † 2012,
die das Schreiben über alles liebte
und zu jedem Weihnachtsfest bis zu 150 Karten schrieb.

&

Für meinen Opa Winfried Kappert † 2017,
der mir viele alte Familienschriftstücke überlassen hat
und seinen Spaß an diesem Buch gehabt hätte.

Lena Zeise

Schreibschriften

Eine illustrierte Kulturgeschichte

Haupt Verlag

Inhalt

3. Reformen des 20. Jahrhunderts

4. Präsens & Futur der Kursiven

Die Poesie des Schreibens

Ein kurzes Vorwort

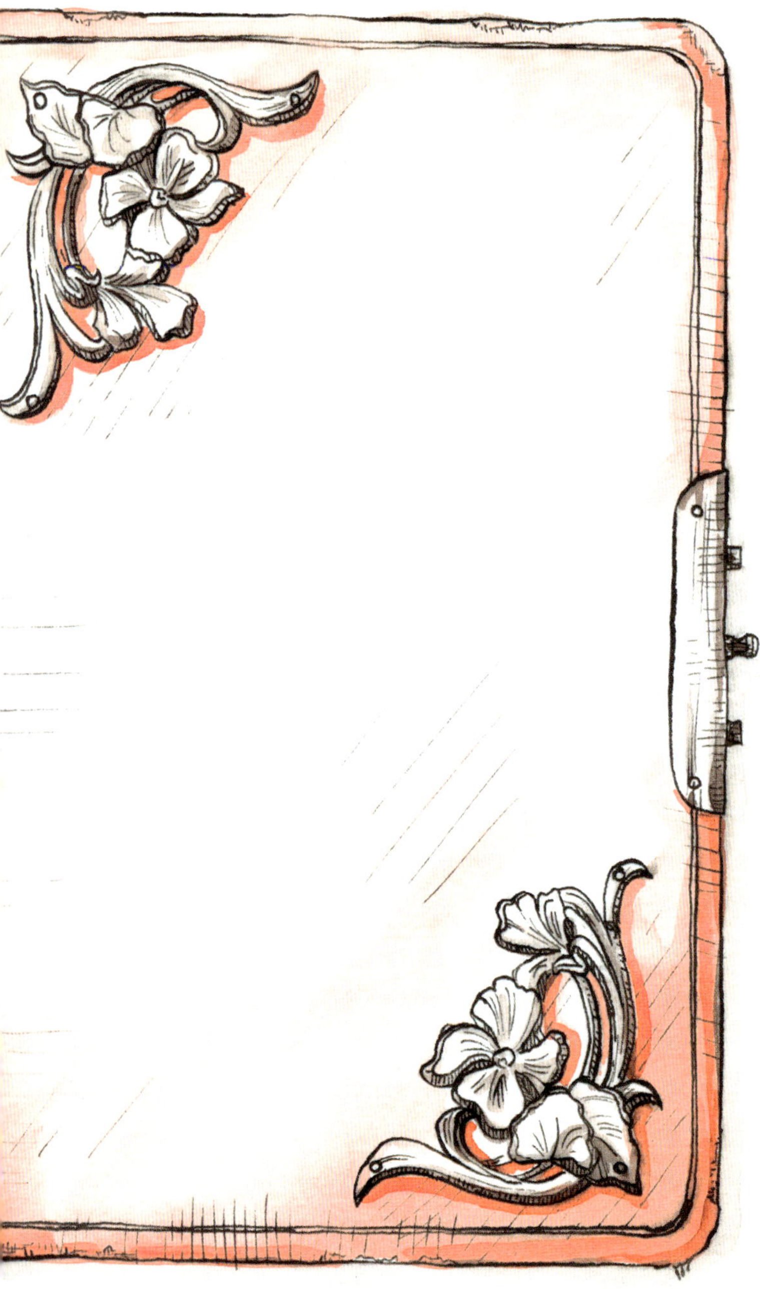

{1} Poesiealbum vom Anfang des 20. Jh.

Vor mir lag ein kleines, leicht ramponiertes, rötliches Buch: abgegriffen, mit verzierten Buchecken und Goldschnitt an den Seitenkanten. Der Verschluss, den es augenscheinlich einmal besessen hatte, war wohl irgendwann abhandengekommen. Als ich es in die Hand nahm und aufschlug, erschien ein kurzer Text in einer gestochen scharfen Handschrift. Die Jahreszahl 1910 war alles, was ich von dem Geschreibsel lesen konnte. Dabei, so versicherte mir der Händler, war es in Deutsch geschrieben, was immerhin meine Muttersprache ist. Lesen konnte ich es trotzdem nicht …

In diesem kleinen wunderschönen Poesiealbum, in das vor hundert Jahren zahlreiche Ratschläge, Gedichte und gute Wünsche geschrieben wurden, begegnete ich zum ersten Mal der deutschen Schreibschrift. Das weckte zugegebenermaßen meine Neugier. Bis dahin hatte ich mir nie Gedanken darüber gemacht, dass wir nicht mit deutschen, sondern mit lateinischen Buchstaben schreiben. Einmal gelernt, war es für mich das Selbstverständlichste der Welt.

Natürlich ist die deutsche Schreibschrift – die existierte schon vor Sütterlins Schulschrift, aber dazu später mehr – ein wichtiger, aber nicht der einzige Themenbereich dieses Buchs. Zur Schriftgeschichte allgemein gibt es bereits viele ausführliche, fachlich tiefgreifende Publikationen, die ein eindrucksvolles Gesamtbild zeichnen. Die Schreibschriften der unterschiedlichen Epochen werden dabei oft nur am Rande erläutert. Zeit, sie einmal in den Vordergrund zu rücken. Die Schreibschriften des europäischen Raums, mit ihren formalen Eigenarten und ihrer Schönheit, sind das zentrale Thema dieses Werkes. Es handelt sich nicht um einen lückenlosen Überblick der gesamten Geschichte mit jeder kleinen Anomalie. Vielmehr ist es ein buntes Potpourri geworden, das die entscheidenden Entwicklungen hervorhebt und mit Bildbeispielen illustriert. Experten werden daher manch eine Zwischenstufe innerhalb der Schriften (die in einschlägigen Fachbüchern vorhanden ist) vermissen, aber alle anderen bekommen einen hoffentlich unterhaltsamen und nützlichen Überblick über die Welt der Schreibschriften.

Der erste Abschnitt ist als Einführung in das Thema der Schreibschriften zu betrachten, mit allerlei nützlichem Wissen zu Schriften, ihrer Unterscheidung und dem handschriftlichen Schreiben an sich. Die beiden folgenden, chronologisch strukturierten Großkapitel befassen sich mit der Schrifthistorie, beginnend in der Antike bei den ersten römischen Kursiven, über die gesamte Spanne des Mittelalters und durch die verschiedenen Stilepochen bis hin zu den Reformierungen, die das 20. Jahrhundert mit sich brachte. Die Bezüge zu historischen Ereignissen und Personen beziehungsweise Persönlichkeiten und dem jeweiligen Zeitgeist zeigen die Relevanz der Schreibschriften als kulturelles Werkzeug und Kulturgut.

Der Blick dieses Buches richtet sich nicht nur in die Vergangenheit; auch die Gegenwart mit aktuellen Tendenzen und Diskussionen – oder sollte ich sagen Streitigkeiten? – sowie eine mögliche Zukunft wird thematisiert. Jedes Kapitel wird mit lebhaften Illustrationen und kurzen Exkursen zu schreibrelevanten Themen – zum Beispiel den Schreibwerkzeugen der jeweiligen Zeit – abgerundet.

Dieses Buch ist als Anregung gedacht, sich mit einer (ur-)alten Kulturtechnik, die auch heute noch aktuell ist, auseinanderzusetzen. Viele heutige Buchstabenformen, ob gedruckt oder handschriftlich geschrieben, können auf eine lange Tradition zurückblicken, zu der uns oft der Bezug fehlt. Mit der Zeit gingen Schriften verloren und wurden wiederentdeckt, gerieten in Verruf, wurden verboten oder zur Kunst erhoben.

Das Schreiben ist neben der Informationsvermittlung eine visuell geprägte Technik. Man spricht nicht umsonst vom Schriftbild! Dementsprechend ist dieses Buch mit einer reichen Bildwelt ausgestattet, die nur dank des Engagements einiger besonderer Museen und Bibliotheken zustande kam. Diese stellen viele ihrer Ausstellungsstücke der Öffentlichkeit zur Verfügung. Mit ihrer reduzierten Farbigkeit sollen die Abbildungen den Blick auf das Wesentliche – die Schönheit der Schriften und seien sie noch so eigenwillig – schärfen. Neben Schriftstücken aus vergangenen Jahrhunderten finden sich zeitgeistige Bezüge zur Kunst und Kultur.

Im Übrigen habe ich das kleine Poesiealbum damals von dem Flohmarkthändler gekauft. Von Zeit zu Zeit nehme ich es in die Hand, bewundere die einzigartigen Handschriften und entziffere einzelne Texte. Irgendwie hat das etwas Magisches.

1.

Schrift & Schriftlichkeit

I. Das Wesen der Schrift

Ein Jahrtausende währendes Kulturgut

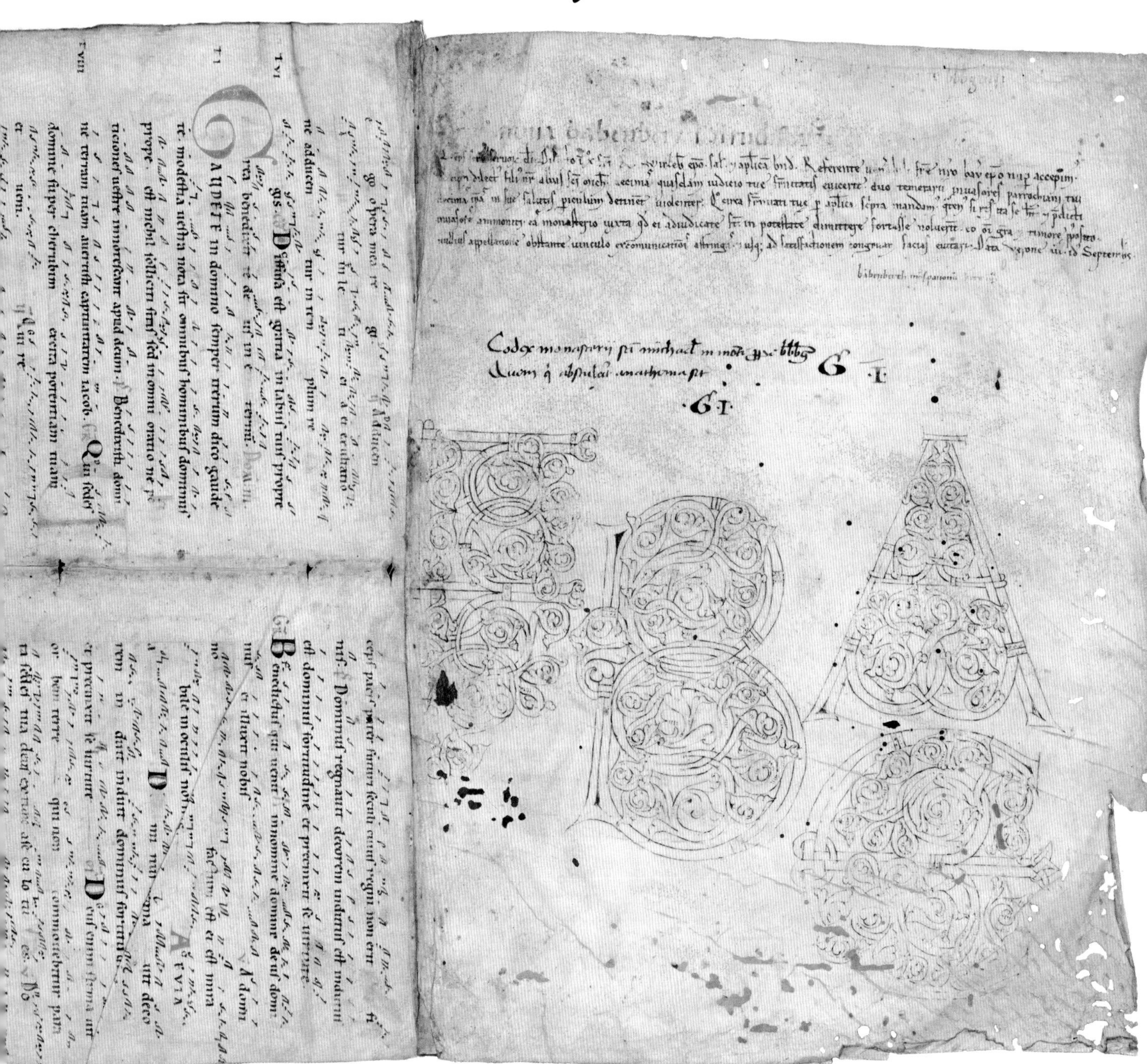

{2} *Links: Buchseite mit vier Federproben von Rankeninitialen aus dem »Expositio in Psalmum 118«, das Anfang des 11. Jh. in Trier/Echternach entstanden ist*

Verba volent, scripta manent – »Worte verfliegen, das Geschriebene bleibt«, so lautet ein altbekanntes lateinisches Sprichwort. Schrift und Sprache sind beides Kommunikationsmittel des Menschen, alltägliche Werkzeuge, um Gedanken Ausdruck zu verleihen. Das Sprechen ist eine sehr direkte und schnelle Möglichkeit, unsere Denkprozesse in Worte zu fassen. Mit ihren vielen Zwischentönen ist die Sprache umfangreich und komplex in ihrer Bedeutung, aber flüchtig in ihrem Wesen. Sie ist Schall (und Rauch).

Die Schrift hingegen ist der sichtbar gewordene Gedanke, dem etwas Dauerhaftes verliehen wird und der mitunter unter den richtigen Bedingungen jahrhundertelang existieren kann. Schrift überführt unsere Sprache in grafische Zeichenformen, die mit bestimmten Bedeutungen verknüpft werden. Der bekannte Typograf Albert Kapr drückte es mit den Worten aus: »Schrift ist die durch Zeichen optisch fixierte Sprache.«*

Schon seit Jahrhunderten ist das Schreiben ein bedeutender Eckpfeiler unserer Zivilisation, ein kulturelles Werkzeug zur Speicherung von Wissen, das die bisherigen Grenzen des gesprochenen Wortes ausdehnte. Es brachte eine bis dahin unbekannte Möglichkeit der Beständigkeit mit sich. Das bedeutet nicht, dass schriftlose Kulturen, die auch heute noch existieren, unzivilisiert sind. Die Wissensweitergabe durch mündliche Überlieferungen hat seine Grenzen in der Kapazität des menschlichen Gedächtnisses. Doch auch die geistige Haltung zum Erinnern und Vergessen ist eine andere. Bewahrt wird das Wissen, das einen Bezug zur Gegenwart hat, der Rest wird von der geistigen Festplatte gelöscht. Aufgeschriebene Gedanken können sowohl räumliche als auch zeitliche Grenzen überwinden. Mit der Entwicklung der Schrift begann auch die Geschichtsschreibung. Wir haben heute die Möglichkeit, Texte aus anderen Epochen zu lesen – zumindest wenn uns die Zeichen, Anwendungsregeln und Sprache geläufig sind.

Es gibt natürlich eine ganze Reihe wissenschaftlicher Fachgebiete, die aus unterschiedlichen Blickwinkeln die Schrift als Forschungsgebiet beleuchten. Die Philologie legt den Fokus auf die Erforschung von Texten in einer bestimmten Sprache, etwa Latein oder Altgriechisch. Die Inschriftenkunde wird als Epigrafik bezeichnet. Als die Lehre von der Geschichte und den Formen der Schrift interessiert sich die

[ʃʁɪft] [ɪs] [diː] [dʊʁç] [ˈt͡saɪ̯çn̩]
[ˈɔptɪʃ] [fɪˈksiːɐ̯tə] [ˈʃpʁaːxə]

Paläografie besonders für die alten Schriften. Papyrologie, Diplomatik und Numismatik konzentrieren sich auf die unterschiedlichen Randgebiete (antike Papyrustexte, Urkundenlehre und Münzkunde).

Trotz oder gerade wegen ihrer kulturellen Bedeutung unterlag die Schrift in früheren Zeiten meistens einem ästhetischen Anspruch. Neben der notwendigen Voraussetzung der Lesbarkeit war das handschriftliche Schreiben eine hoch geschätzte Fertigkeit bis hin zur Kunstform. Die Schrift kleidet die Sprache visuell ein und kommuniziert mit dem Leser über ihre Form – das gilt sowohl für die einzelnen Buchstaben als auch für das gesamte Schriftbild. Schon lange ist bekannt, dass die Schriftform

* *Zitat aus Albert Kaprs Buch »Schriftkunst – Geschichte, Anatomie und Schönheit der Lateinischen Buchstaben«. Dresden, VEB Verlag der Kunst, 1976, S. 9*

{3} *Oben: Die Übersetzung des Satzes »Schrift ist durch Zeichen optisch fixierte Sprache« von Albert Kapr in das Lautschriftsystem IPA (Internationales Phonetisches Alphabet)*

{4} Links: Federzeichnung des Gottes Mercurius (Merkur) aus dem 17. Jh., gut zu erkennen an seinem Stab und dem geflügelten Helm

{5} Rechts: Die Religion hatte nicht nur einen bedeutenden Einfluss auf die Schrift an sich, sie war auch ein zentrales inhaltliches Thema. Die Buchmalerei stammt aus dem Johannes-Evangelista-Libellus von 1493.

innerhalb gewisser Grenzen einen emotionalen Einfluss auf den Leser ausübt, daher sollte ihr auch in der Gegenwart Aufmerksamkeit und Wertschätzung zuteilwerden. Was darf es sein: Jogginganzug oder Abendkleid?

Um die Entstehung der unterschiedlichen Schriften ranken sich zahllose Mythen. Sie sind so vielfältig wie die Kulturen, aus denen sie stammen. Sie wurden diversen mythischen Figuren zugeschrieben und zum überwiegenden Teil sogar als Göttergeschenk betrachtet. Die Ägypter verehrten Thot, Gott der Weisheit und des Schreibens, als den Bringer der Schrift. Für die Nordgermanen war Odin der Schöpfer der Runen. Die alten Griechen konnten sich nicht entscheiden, bei ihnen gab es gleich eine ganze Reihe von Sagen, in denen unterschiedliche Personen mit der Erfindung der Schrift in Verbindung gebracht wurden: Musaios, Orpheus, Palamedes, Prometheus und später auch die Musen auf Kreta. Letztere waren die Töchter des Zeus und wurden als Begründerinnen des griechischen Alphabets bezeichnet. Um das lateinische Alphabet der Römer spinnen sich ebenfalls zahllose Geschichten. In einer war der Gott Merkur, in einer anderen Evander (Sohn des Merkur und der Nymphe Carmenta) der Erfinder der lateinischen Buchstaben. Der Glaube der Hebräer besagt, dass Gott der Schöpfer der »heiligen« Schrift ist. Mose empfing von Gott zwei Steintafeln, auf denen die zehn Worte – im Christentum bekannt als die zehn Gebote – geschrieben standen, die Gott selber eingeprägt hatte (2. Mose 32, 15–16). Trotz der unterschiedlichen Mythologien der einzelnen Kulturen zeigt sich eine wichtige Gemeinsamkeit: Die Entstehung der Schrift war etwas Wundersames und Mystisches, dem jedes Volk große Bedeutsamkeit beimaß. Wer die eigentlichen Schrifterfinder waren, ist hingegen irgendwann in Vergessenheit geraten. Ein Rätsel, das wohl niemals gelöst werden wird.

Dass die Schrift überhaupt entstand, ist auf die gesellschaftlichen Veränderungen zurückzuführen. Vor Jahrtausenden, noch weit vor der Zeitenwende, begannen die menschlichen Gemeinschaften sich zu wandeln: Aus Jägern und Sammlern wurden Bauern und Händler, aus Siedlungen wurden Dörfer und dann Städte, es formten sich unterschiedliche Gesellschaftsschichten. Neue Strukturen in der Verwaltung und der Organisation wurden benötigt; die Mündlichkeit in Überlieferungen und Abmachungen war nicht mehr ausreichend. Aus dieser Notwendigkeit heraus entwickelte sich das Schreibwesen.

Schrift und Kultur sind durch ein enges Band miteinander verbunden, somit schlagen sich viele kulturelle Einflüsse auf die Schriftformen und auf die Verbreitungsgebiete einzelner Schriften nieder. Nicht nur die Sprache, auch Literatur, Religion, die Staatsform, die bildenden Künste und Architektur beeinflussten Schriften sichtbar. »Der Stammbaum eines Alphabets ist die Widerspiegelung der Gschichte von Zivilisationen, auf jeder Ebene vom Schicksal großer Reiche und dem Klirren von Waffen gekennzeichnet«*, schreibt der Autor Donald Jackson so treffend in seinem Buch. Die Ausdehnung eines Reiches war schon immer mit Kampf verbunden. Oft waren die Soldaten die Ersten, die ihre Sprache und Schrift in neue Länder brachten – sofern sie des

torem quem pater misit ouibus pastorem ae via aevia.

enedicat nos trina maies tas do mini benedicat nos spiritus sanc tus qui t. iiii.

in specie columbe in iordane flu mio su per xpm requie e uit. Ille nos be

nedicat qui de celis dignatus est descen dere in terras æ de suo sacro sanguine

nos redemit. Benedicat dominus ministerium nos trum nos trum æ

conuentum nos trum ae via. A Benedicat nos de us pa t. vii.

ter sa net nos de us fi lius illuminet nos de us spiritus sanc tus

cor pus nos trum custo di at ani mas nostras saluet cor nos trum ir

radiat. Sensum nos trum dirigat æ ad su pernam pa tri am be

atis martyri bus intercedentibus nos per du cat. A e via.

e vs in adiutori um me um in tende domine ad adiuuandum t.

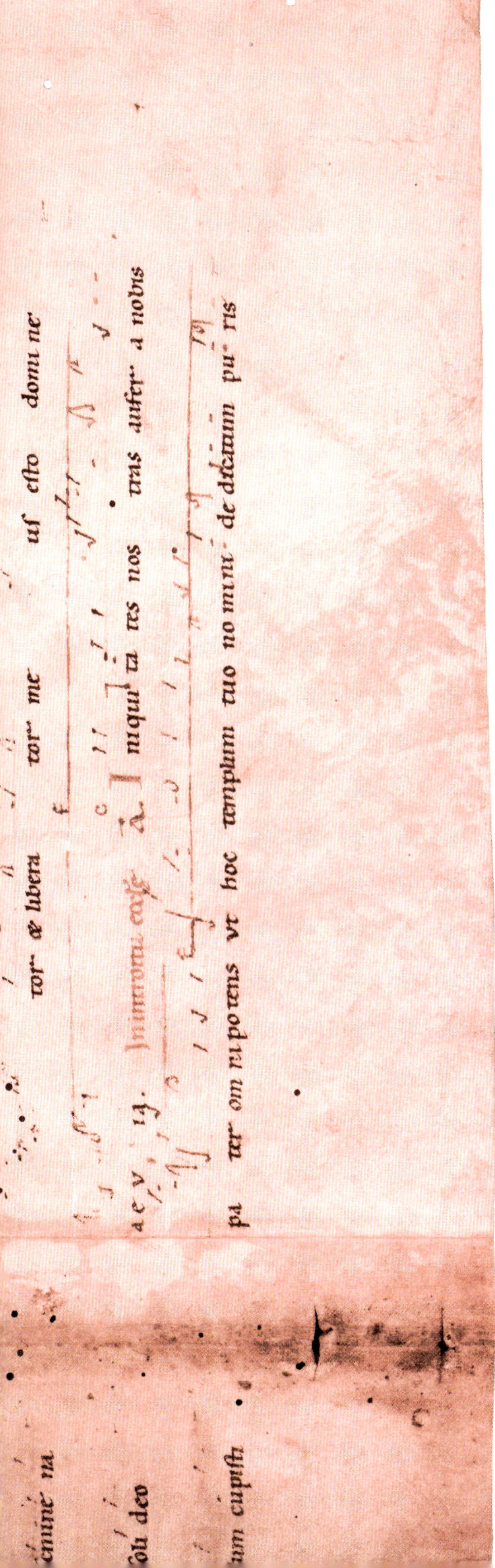

Schreibens mächtig waren, was bei den römischen Legionären durchaus der Fall war. So steht es zumindest geschrieben.

Die Religion spielte eine bedeutende Rolle. Zum einen war sie immer wieder ein gern genannter Vorwand für Kriege und Eroberungen, zum anderen kamen die meisten Schriftkundigen über Jahrhunderte hinweg aus den religiösen Gemeinschaften. Besonders im Mittelalter waren die Priester und Mönche die Schreiber der Gesellschaft. Die Bereiche, wo heute das lateinische Alphabet geschrieben wird, entsprechen in etwa dem früheren Machtbereich der römisch-katholischen Kirche. Viele Religionen gründen sich auf irgendeine Art von »heiliger« Schrift oder Schriften. Erst als Lese- und Schreibfähigkeiten sich in der Gesellschaft ausbreiteten und somit keine Vorrechte für Gelehrte mehr bestanden, schrumpften Bedeutung und Einfluss der Kirche immens.

Manchmal waren Schriften jahrhundertelang in Verwendung mit nur unwesentlichen Abwandlungen, während an anderer Stelle wenige Jahrzehnte ausreichten, um ein Schriftbild völlig zu verändern. Schrift ist Teil der kulturellen Identität einer Nation. Trotz Verwendung der gleichen Schrift gab es schon immer nationale Prägungen in Form kleiner Abweichungen und Anpassungen von Land zu Land. Einige dieser Besonderheiten existieren bis in die heutige Zeit, man denke nur an das »ß«, das so nur im deutschen Sprachraum existiert. (Genauer gesagt nur in Deutschland und Österreich, die Schweiz hat sich schon vor Jahrzehnten vom Eszett verabschiedet.)

{6} *In dieser Gebetssammlung, die im ersten Drittel des 11. Jh. entstand, finden sich Doppelseiten mit neumierten Sequenzen. Neumen sind kurzschriftliche (Noten-)Zeichen, die der Aufzeichnung der Musik des Mittelalters dienten.*

* *Zitat aus Donald Jacksons Buch »Alphabet – Die Geschichte vom Schreiben«. Frankfurt am Main, Wolfgang Krüger Verlag, 1981. S. 10*

Schreiben ist in unserer modernen Alltagswelt eine Selbstverständlichkeit, dabei wird uns diese Fertigkeit nicht in die Wiege gelegt. Der Prozess des Schreibenlernens ist langwierig, erfordert Geduld und Übung. Selbst die größten Schreibmeister der vergangenen Epochen begannen mit krakeligen, ungelenken Buchstaben und brauchten Jahre zur Vervollkommnung ihrer Kunst. Unerlässlich ist das Training der eigenen Feinmotorik, um ein Schreibgerät – egal, ob Feder, Griffel oder Kugelschreiber – zu beherrschen und kontrolliert einsetzen zu können. Unsere Gesellschaft setzt den Schrifterwerb als etwas Grundsätzliches voraus, weil wir uns als Schriftkultur verstehen. Einmal erlernt, denken die meisten Menschen nicht großartig über den Schreibvorgang nach.

Als Europäer stellen wir die Verwendung der lateinischen Buchstaben nicht infrage. Dabei hätte es ganz anders kommen können. Hätte sich das Osmanische Reich weiter über Europa ausgedehnt, würden wir heute wahrscheinlich alle ganz selbstverständlich in der arabischen Schrift schreiben und dieses Buch würde es in dieser Form nicht geben.

Ursprünglich kommt der Begriff »schreiben« vom lateinischen *scribere*, das »ritzen« bedeutet. Die Wortbedeutung mag im ersten Augenblick seltsam anmuten, erklärt sich aber aus der Verwendung der sehr alten Schreibmaterialien Griffel und Tafel, die schon weit vor der christlichen Zeitrechnung in Gebrauch waren. Alle uns bekannten Schriftformen haben ihren Ursprung im handschriftlichen Schreiben. Bei vielen gedruckten Schriften der heutigen Zeit verweisen die Buchstabenformen auf den handschriftlichen Ursprung. Der Anstoß von Veränderungen in gedruckten Schriftbildern kam häufig aus dem handschriftlichen Schreiben. Durch das Schreiben von Buchstaben wird ihre Form erfahrbar und es fördert die Erkenntnisse über Aufbau und Wirkung. Die Hand selber war das erste Schreibwerkzeug, sie stand schließlich immer zur Verfügung. Im Laufe der Zeit gab es eine Menge unterschiedlicher Schreibmittel und Trägermaterialien, die sich stets auf die Schriftformen auswirkten und das Schriftbild bestimmten. Ein Eisengriffel, der in Wachs ritzt, erzeugt eine völlig andere Spur als eine Gänsefeder auf Pergament. Der Prozess des Schreibens an sich führte ebenfalls zu Veränderungen, denn fortschreitende Erfahrung führt immer auch zu neuen Erkenntnissen. In der Schriftgeschichte zeigt sich eine wechselseitige Beziehung zwischen Zweckmäßigkeit und einem ästhetischen Anspruch. Die Schrift und die Schriftkunst* stehen in etwa zueinander wie die Umgangssprache zur Poesie und doch waren sie stets miteinander verbunden. Erst über das Alltägliche definiert sich schließlich das Außergewöhnliche.

Das Wesen der Schrift erfassen zu wollen ist also ein sehr komplexer Vorgang. Vergangenheit und Gegenwart offenbaren einen visuellen Formenreichtum, der stets im Wandel begriffen ist. Mystifizierte Wahrnehmungen überlagern die genauen Fakten über die Erfindung der Schrift. Prägungen durch die unterschiedlichsten kulturellen Bedingungen und Einflüsse lassen sich nur schwer bis gar nicht voneinander trennen. Aber gerade daher kommt auch der Reiz, sich genauer mit dem Schreiben auseinanderzusetzen, sich Vergangenes und Gegenwärtiges anzuschauen und vielleicht sogar etwas für die Zukunft zu lernen.

*
Schriftkunst umfasst alle Schriften, die mit handwerklicher Perfektion geschaffen sind und über das Notwendige (die Lesbarkeit) hinaus den geschriebenen Wörtern einen emotionalen Ausdruck verleihen, was zum Beispiel auch auf Inschriften und Buchschriften zutreffen kann.

سورة الفاتحة سبع آيات مكية

بسم الله الرحمن الرحيم

الحمد لله رب العالمين ۝ الرحمن الرحيم ۝ مالك يوم
الدين ۝ إياك نعبد وإياك نستعين ۝ اهدنا الصراط
المستقيم ۝ صراط الذين أنعمت عليهم غير المغضوب عليهم
ولا الضالين ۝

سورة البقرة مائتان وثمانون وست
آيات مدنية

بسم الله الرحمن الرحيم

الم ۝ ذلك الكتاب لا ريب فيه هدى للمتقين ۝ الذين يؤمنون
بالغيب ويقيمون الصلاة ومما رزقناهم ينفقون ۝ والذين يؤمنون
بما أنزل إليك وما أنزل من قبلك وبالآخرة هم يوقنون ۝ أولئك
على هدى من ربهم وأولئك هم المفلحون ۝ إن الذين كفروا سواء
عليهم أأنذرتهم أم لم تنذرهم لا يؤمنون ۝ ختم الله على قلوبهم
وعلى سمعهم وعلى أبصارهم غشاوة ولهم عذاب عظيم ۝ ومن

{7} *Ausschnitt aus einem in Arabisch geschriebenen Koran von 1242, der auch im Original mit roter und schwarzer Tinte geschrieben wurde*

Vom Bild- zum Lautzeichen

Die ersten Schriftsysteme

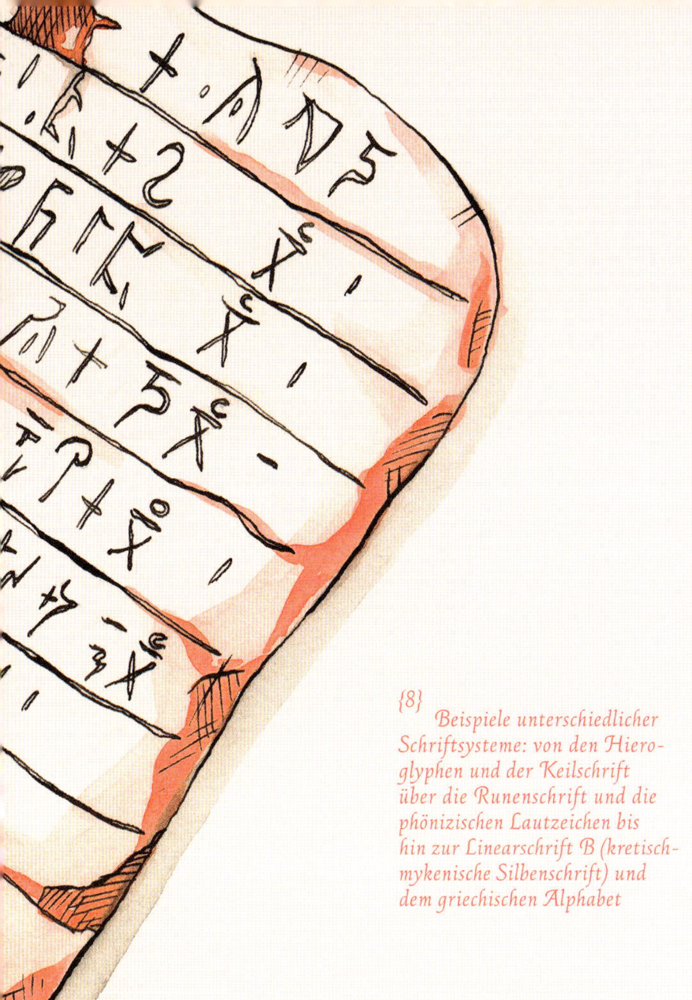

{8} *Beispiele unterschiedlicher Schriftsysteme: von den Hieroglyphen und der Keilschrift über die Runenschrift und die phönizischen Lautzeichen bis hin zur Linearschrift B (kretisch-mykenische Silbenschrift) und dem griechischen Alphabet*

Schrift ist nicht gleich Schrift! Schrift im engeren Sinne besteht aus optisch fixierten Lautzeichen, die an Sprache gebunden sind. Die Zeichen haben dementsprechend meistens einen abstrakten Charakter, denn sie überführen etwas Akustisches in etwas Visuelles. Bevor sich die Lautzeichen entwickelten, gab es bereits Schriftvorläufer, die mit Bildzeichen arbeiteten. Die Entstehung solcher Ideenschriften erscheint weitaus nachvollziehbarer, da sie die sichtbaren Vorgänge der Welt in gleichsam sichtbarer Weise darstellen. Als bedeutende Entwicklung der frühesten Hochkulturen trennten sie sich langsam von ihren Vorstufen wie der Höhlenmalerei der Alt-, Mittel- und Jungsteinzeit ab. Die eigentliche Schrift (entsprechend unserem Verständnis) bezieht sich immer direkt auf die Sprache, ihre Erfindung wird als Verlautlichung oder Phonetisierung bezeichnet. Die Phonetik ist eine eigene wissenschaftliche Disziplin, die sich mit den sprachlichen Lauten, ihrer Erzeugung, ihren Eigenschaften, ihrer Wahrnehmung und ihrer Verwendung befasst.

Die Wiege eines der ältesten Schriftsysteme der Menschheit befindet sich in Mesopotamien, dem heutigen Irak. Die dort gebräuchliche altorientalische Keilschrift diente lange Zeit vor allem Wirtschafts- und Verwaltungszwecken. Bei dieser systematischen Schriftsprache wurden die keilförmigen Zeichen in Tafeln aus feuchtem Ton geschrieben oder besser gesagt gepresst. Der Ton wurde gebrannt – eine große Anzahl ausgehärteter Tonscheiben wurde unzerstört aufgefunden.

Der Unterschied zwischen der nüchternen Keilschrift und der prunkvollen ägyptischen Hieroglyphenschrift – ein ebenso bedeutendes Schriftsystem – mutet an wie der Unterschied zwischen Tag und Nacht. Aufgrund ihrer Bildhaftigkeit glaubte die Forschung bis ins 19. Jahrhundert, dass es sich um eine rein symbolhafte und keine akustisch lesbare Schrift handeln würde. Inzwischen weiß man es besser. Die Hieroglyphen waren ein sehr komplexes System, das sich aus der Kombination unterschiedlicher Zeichenarten zusammensetzte und eine Art Mischform zwischen Bilder- und Lautschrift darstellt. (Die Ägypter besaßen zusätzlich eine schneller zu schreibende Schrift für Papyrus, hieratische Schrift genannt.) Über die eigentliche Aussprache von Hieroglyphen besitzen wir bis heute nur eingeschränktes Wissen, weil die Ägypter ausschließlich Konsonanten und niemals Vokale niederschrieben.

Die Lautzeichen einer Schrift konnten damals sowohl für ganze Wörter stehen als auch für einzelne Silben. Im 2. Jahrtausend v. Chr. bildete sich dann noch eine neue flexiblere Form aus: die Buchstabenschrift. Beeinflusst durch das altägyptische und das mesopotamische Schriftsystem entwickelten die semitischen Völker eine Art von Uralphabet, das erstmalig rein phonetisch funktionierte. Trotz seiner Vokallosigkeit und der linksläufigen Schreibweise gilt es als Mutter der meisten heutigen Alphabete.

II. Die Unterteilung von Schriften

Der Zusammenhang von Form und Funktion

Alles Wissen, alle Erkenntnisse, alle Ideen, denen Beständigkeit über den Gedanken und die Sprache hinaus verliehen werden sollen, schreibt der Mensch auf. Das schriftliche Festhalten von Gedankengut hat inzwischen eine lange Tradition in unserer Kultur, um dem Vergessen entgegenzuwirken. Im Laufe der Zeit bildeten sich unterschiedliche Kategorien von Schriften aus, die mit ihrem jeweiligen Anwendungsgebiet zusammenhingen. Der Einsatzbereich wiederum bestimmte die Schreib- und Beschreibmaterialien und konnte dementsprechend einen großen Einfluss auf die Dauer der Existenz der Schriftstücke ausüben. Im Folgenden werden die vier größten Anwendungsgebiete unterschieden: Inschriften, Buchschriften, Urkundenschriften und Gebrauchsschriften. Sie alle sind auf verschiedene Zwecke ausgerichtet und stehen in unterschiedlichen Kontexten. Das bedeutet nicht, dass sie völlig unabhängig voneinander existieren, aber davon berichte ich später mehr.

{9} *Inschrift auf einer römischen Münze mit dem Abbild des Kaisers Augustus*

»Die Sache ist geritzt.«

Redensart

Die Bezeichnung Inschrift bezieht sich auf Schriftzeichen, die durch andere Techniken als dem gewöhnlichen Schreiben mit Feder und Tinte auf einem Trägermaterial angebracht oder eingelassen sind. Der lateinische Ursprung ist das Wort *inscribere*, das so viel bedeutet wie »in/auf/an etwas geschrieben«. Inschriften können im Gegensatz zur Schrift auf Papyrus, Pergament oder Papier zum Beispiel eingeritzt, eingemeißelt, eingegraben, ziseliert oder aufgestickt werden. Die dafür benötigten Werkzeuge und Techniken bestimmen die Form der Buchstaben und des Schriftbildes maßgeblich. Das bedeutet, aus einer schriftlichen Botschaft wird erst durch die handwerkliche Herstellungsmethode eine Inschrift. Die Träger können aus Stein, Holz, Metall, Keramik, Putz, Leder, Stoff, Glas oder Ähnlichem bestehen. Obwohl man bei dem Begriff schnell an antike Monumente oder verwitterte Grabsteine denkt, müssen die Trägerobjekte keinen festen Standort vorweisen. Münzen, Gewandnadeln und Möbelstücke können ebenso mit Inschriften versehen werden wie Grabplatten, Gebäude und Wandmalereien.

Inschriften dienen überwiegend repräsentativen Zwecken. Unauffälligkeit ist selten erwünscht, das liegt in der Natur der Sache. Meistens werden sie öffentlich zur Schau gestellt, zum Beispiel als Teil von Erinnerungs- und Gedenkstätten. Die Schrift ist nicht nur sichtbar, sondern auch spürbar. Aufgebracht auf stabile und beständige Trägermaterialien, wie Stein oder Metall, können sie Jahrhunderte überdauern. Heutigen historischen Forschungen liefern sie viele Informationen über vergangenes Zeitgeschehen und Personen. Die Inschriftenkunde wird im Fachterminus als Epigrafik bezeichnet.

{10} Römischer Weihestein aus dem Kastell Haus Bürgel bei Monheim-Baumberg, datiert auf das 2./3. Jh. n. Chr.

IN·NOMINE·DNI·NRI
IHU·XPI·INCIPIT·PRO
LOGUS·BEATI·HIE
RONIMI·PBRI·IN·
EXPLANATI
ONEM·OSEE
PROPHETE
AD PAM MA
CHIUM

{11} *Ausschnitte einer Buchhandschrift auf Pergament vom Anfang des 12. Jh., in der ein (unbekannter) Künstler die Gestaltung einiger Initialen übernahm*

Die Buchschrift existiert nicht erst seit der Erfindung des Buchdrucks, sondern bezieht sich ebenso auf die früheren von Hand geschriebenen Bücher. Sie kategorisiert viele sehr unterschiedlich anmutende Schriften seit der Antike bis heute. Der Begriff bezieht sich auf das Schriftbild mit den »steifen« Buchstabenformen und der deutlichen Unterscheidung von Einzelbuchstaben, wie es auch später beim Buchdruck mit einzelnen Lettern zu finden ist. Damit grenzen sich die Buchschriften von den schneller geschriebenen Gebrauchsschriften ab, die lebhafter und verbundener in ihrer Formgebung sind. Vielen frühen Buchschriften ist ihre Ableitung von den Inschriften anzusehen – zum Beispiel so vorgekommen bei den Römern. Neben der notwendigen Tatsache, dass eine Buchschrift lesbar sein musste, wurde seit jeher großer Wert auf Schönheit und Regelmäßigkeit gelegt. Teilweise wirken sie weniger wie geschrieben als vielmehr wie aufgemalt. Bücher waren in früheren Zeiten enorm kostbar, da sie nur in sehr kleiner Auflage hergestellt oder handschriftlich kopiert wurden. Sie offenbarten stets einen offiziellen Charakter. Faszinierend ist, dass man schon bei frühen mittelalterlichen Büchern die klassische Buchdoppelseite, wie sie heute noch in ähnlicher Form existiert, entdecken kann. Unsere Schreib- und Lesegewohnheiten in Bezug zum Medium Buch haben sich über einen langen Zeitraum hinweg ausgebildet und gefestigt. Eigentlich kein Wunder, war das Buch – im modernen Sinne – bereits im Mittelalter unter der Bezeichnung *Codex* bekannt. *Codices* (so lautet die korrekte Mehrzahl) bestanden aus Pergamentlagen zum Durchblättern, die zwischen Holzdeckeln eingebunden waren. Sie verdrängten die Rollen als gängige Schriftträger langer Texte, ihre Vorläufer hatten sie in den antiken Holztafelbüchern.

Mit der Erfindung des Buchdrucks mit beweglichen Lettern durch Johannes Gutenberg wurden neue Schriften benötigt, die bei seinem Verfahren Anwendung finden sollten: die Druckschriften. Seit dem 15. Jahrhundert wurden zahllose Formen von Druckschriften für Bücher entwickelt, viele davon basieren auf handschriftlichen Vorbildern. Trotz dieses Ursprungs sind ihre Buchstabenformen starrer und gleichmäßiger als eine handgeschriebene Schrift jemals sein könnte. Teilweise synonym zur Druckschrift wird der Begriff »Satzschrift« verwendet, der den Zeichensatz – Buchstaben inklusive aller zusätzlichen Zeichen – einer bestimmten Schriftart bezeichnet.

{12} Rechts: Eine Schweizer Urkunde des Schultheißen und Rates der Stadt Frauenfeld für Hans Breu aus dem Wallis von 1647

{13} Unten rechts: Schriftprobe aus dem Diplom Ludwigs des Deutschen von 856

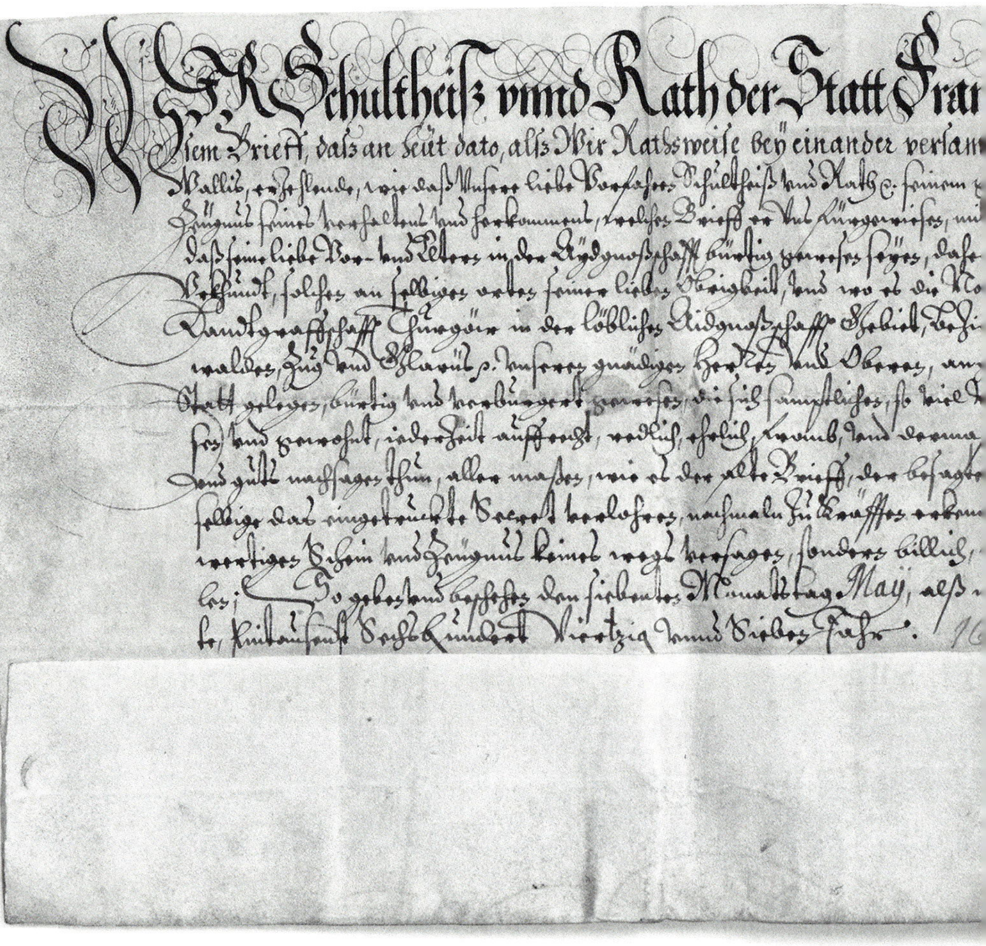

Urkunden- und Kanzleischriften kamen vorwiegend in amtlichen Schriftstücken zum Einsatz. Geprägt durch den jeweiligen Aussteller (und die Zeit) weisen sie eine variierende Bandbreite in ihren Erscheinungsformen und Inhalten auf (daher gestalten sich allgemeingültige Aussagen schwierig). Unter Urkunden versteht man Schriftstücke, die eine vorherige Rechtshandlung mit offizieller Beglaubigung schriftlich festhalten. Historisch gesehen unterscheidet man zwischen Herrscherurkunden von Kaisern, Königen und Päpsten und Privaturkunden von allen anderen. In die letzte Kategorie fielen auch Fürsten, Bischöfe, Klöster, Städte etc., weil der Begriff »privat« damals noch wesentlich weiter gefasst wurde. Auch die Bezeichnung Urkunde existierte noch nicht, je nach Verwendung sprach man von Diplomen, Privilegien, Mandaten, Breven oder was auch immer. Im Übrigen nennt sich das Forschungsfeld zur Urkundenlehre daher auch fachsprachlich Diplomatik.

Insbesondere die Schrift und Gestaltung von Herrscherurkunden waren auf ihre Außenwirkung ausgelegt, mit noch mehr Bedacht geschrieben als die meisten Buchschriften – ohne Streichungen oder Korrekturen. Viele Privaturkunden kamen weitaus schlichter und kostengünstiger daher.

Die Urkundenschrift der kaiserlichen Kanzleien des Frühmittelalters gab den Anstoß für den eigenständigen, teilweise äußerst eigensinnigen Werdegang der Urkundenschriften. Gedehnte, verspielte Buchstabenformen als dekorative Elemente, die der

Lesbarkeit nicht förderlich waren, aber beeindruckend aussahen, kamen in königlichen, kaiserlichen und päpstlichen Kanzleien in Mode. Sie hielten sich über Jahrhunderte konservativ und beinahe unberührt von den restlichen, zu manchen Zeiten tiefgreifenden Schriftreformen. Diese feierlich ausgestatteten Urkunden waren in einer überwiegend ungebildeten Gesellschaft ebenso sehr für den Betrachter wie für den Leser gedacht. Den opulenten Schriften kam zusätzlich zur Repräsentation ein Status als Beglaubigungsmerkmal zu, das die Echtheit der Urkunde bestätigte. Erst Mitte des 13. Jahrhunderts verdrängte das Siegel als Hauptmerkmal alle anderen Elemente. Daraus resultierend näherten sich die meisten Urkundenschriften den gebräuchlichen Kanzleischriften wieder an.

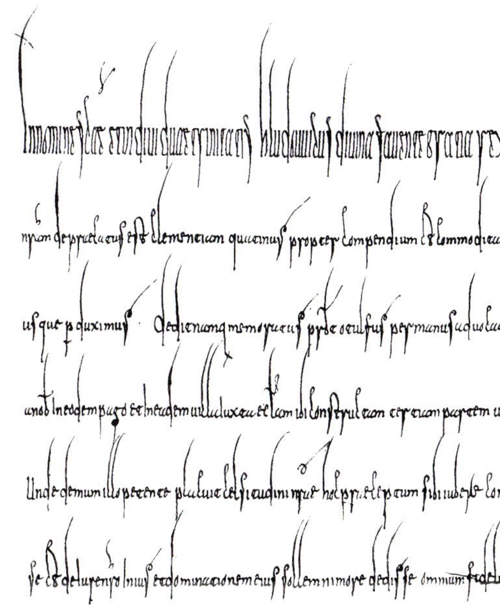

{14}
E. T. A. Hoffmanns lockere, schriftliche Beurteilung eines Romananfangs seines Freundes Theodor Gottlieb von Hippels – ein klassischer Einsatz einer Gebrauchsschrift

Die Verkehrs- oder Gebrauchsschriften entstanden aus rein praktischen Beweggründen. Es wurden Schriften benötigt, die sich rascher als Buch- oder Kanzleischriften schreiben ließen, zur schnellen Niederschrift von Gedanken oder als Mitteilung an Dritte. Ihren ursprünglichen Einsatz fanden sie in Geschäfts- und Handelskorrespondenzen, um Sachlagen und Geschäfte in rascher, unkomplizierter Form zu fixieren und abzuwickeln – daher werden sie auch gerne als Geschäftsschrift bezeichnet. Die Gebrauchsschrift könnte man als die lässige kleine Schwester bezeichnen. Nicht die ästhetische Anmutung oder der repräsentative Zweck standen im Vordergrund, sondern das zügige Schreiben. Eben diese Art des flüssigen Schreibens führte zu fortschreitenden Veränderungen: Buchstaben wurden vereinfacht, neue Verbindungen geschaffen. Das wiederum hatte eine gesteigerte Schreibleistung zur Folge.

Die Gebrauchsschriften entwickelten sich aus den Buchschriften heraus, hielten jedoch nicht länger an der Trennung der Einzelbuchstaben fest, sondern strebten die Verbindung an. Ecken und Kanten wurden abgeschliffen, Ligaturen* und verknüpfte Wortbilder entstanden. Diese Prozesse führten zur Entstehung von sogenannten Kursivschriften oder kurz Kursiven. Eine Kursive im handschriftlichen Sinne bezeichnet eine Schreibschrift, die manchmal auch Kurrent- oder Laufschrift genannt wird.

In den folgenden Betrachtungen dieses Buches sind es die Kursivschriften, die im Fokus stehen. Da die Schriften der unterschiedlichen Kategorien jedoch oft in wechselseitiger Beziehung zueinander stehen und sich gegenseitig beeinflussen, werden auch Seitenblicke auf die Buch- und Urkundenschriften geworfen. Ebenso verhält es sich mit den Schreibschriften und der Schriftkunst, die seit jeher in einem steten Austausch standen, aber bei Weitem nicht gleichzusetzen sind.

* *Ligaturen sind Verschmelzungen zweier aufeinanderfolgender Buchstaben, zum optischen Ausgleich im Schriftbild.*

Von der Chronik zum Tagebuch

Die Entwicklung eines besonderen Buches

Ein Tagebuch ist eine Art Auffangbecken von Gedanken, Erlebnissen, Wünschen und Hoffnungen des Autors. Der Schreiber hält alles in ihm fest, was ihn bewegt und ihm wichtig erscheint. Das kann in unregelmäßigen Zeitabständen der Fall sein oder aber täglich oder wöchentlich. Diese moderne, uns bekannte Form des Tagebuchs entwickelte sich erst im späten 19. Jahrhundert.

Die Einflüsse auf die Buchgattung Tagebuch kamen aus sehr unterschiedlichen Richtungen. Als eine wichtige Frühform sind Chroniken anzusehen. Das sind Aufzeichnungen über bedeutend erscheinende Geschehnisse, die zum Beispiel von Klöstern, Städten und Familien geführt wurden und besonders im Mittelalter durchaus üblich waren. Manch frühe Art der Klosterchronik war eine formlose fortlaufende Dokumentation über Schenkungen an das jeweilige Kloster, manchmal unterbrochen von Notizen über geschichtliche Ereignisse, wie beispielsweise Brände oder Plünderungen. Im Laufe der Zeit begannen die Schreiber neben den Fakten auch Randbemerkungen und Kommentare zu notieren. Zum Ende des Mittelalters und Übergang in die Renaissancezeit wuchs dieser persönliche Aspekt der Aufzeichnungen stetig und die Entwicklung in Richtung Tagebuch begann.

Als eine andere Vorform sind Geschäftsbücher und Journale aus dem kaufmännischen und handwerklichen Bereich zu betrachten, die nicht nur der Buchführung dienten, sondern praktische Allzweckbücher waren. In ihnen wurden neben den geschäftlichen Informationen (alles über die Waren, Geldkurse, Handelsrouten etc.) auch private und politische Notizen festgehalten, besonders wenn sie für das eigene Geschäft von Bedeutung waren. In einigen fanden sich praktische Ratschläge, Behörden auszutricksen und Abgaben zu umgehen. Manche Bücher dieser Art wurden als Notiz- und Nachschlagewerk wichtiger Ereignisse über Generationen hinweg weitergeführt und ergänzt.

Zu Beginn der zweiten Hälfte des 18. Jahrhunderts ist ein Wandel des Menschenbildes zu beobachten. Das moderne Konzept der Individualität beginnt sich auszubilden, Selbstwahrnehmung und -beobachtung rückten in den Fokus. Mit dem Schreiben eines Tagebuchs zur Selbstdokumentation verlieh man sich selbst eine schriftliche Existenz. Das klassische Briefeschreiben war dem Tagebuchschreiben damals sehr ähnlich, der große Unterschied bestand im Adressaten. Es war damals üblich aus Tagebüchern vorzulesen und sich über die richtige Lebensweise auszutauschen. Heute würde man sagen: Tagebuchschreiben war angesagt! (Unabhängig vom eigenen gesellschaftlichen Status und des Geschlechts, nur Schreiben musste man können.) Natürlich ist ein Tagebuch völlig subjektiv und die Grenzen zwischen Realität und Fiktion sind nicht immer deutlich. Selbst wenn mehrere Menschen die gleiche Situation beschreiben, entstehen durch die persönliche Sichtweise unterschiedliche Bilder. Erst während des 19. Jahrhunderts wurde das Tagebuch als intimes Buch ein privater Rückzugsort für die eigenen Gedanken, der nicht öffentlich gemacht wurde.

Bis zur heutigen Zeit schreiben Menschen in Tagebücher, dabei bleibt es ihnen überlassen, ob sie es wirklich geheim halten – gesichert mit einem kleinen Schloss – oder anderen zugänglich machen. Eine sehr moderne Weiterentwicklung ist der Blog im Internet, natürlich dann ohne handschriftliches Schreiben.

{15} *Links: Ein altes Kriegstagebuch*

Unten: Ein klassisches Tagebuch-Modell von heute

III. Die Merkmale der Schreibschrift

Was eine Kursive ausmacht

Alltägliche Gebrauchsschriften sind geschichtlich gesehen seit der Antike bekannt. Allerdings ist das mit der einheitlichen Bezeichnung dieser Schriften eine kniffelige Angelegenheit. Im deutschen Sprachraum reden wir gerne von Laufschriften, Kurrentschriften, Schönschriften, Kursiv- oder Schreibschriften. Alles das Gleiche? Bei Weitem nicht!

Laufschrift steht in diesem Fall nicht für die von rechts nach links durchlaufende Reklameschrift, sondern die fortlaufende Schreibweise mit einer nur geringen Anzahl an Unterbrechungen. Eine Kurrentschrift meint von der Wortbedeutung eigentlich das Gleiche (da Kurrent sich von dem lateinischen Wort *currere* für »laufen« ableitet), wird aber speziell auf die deutsche Schreibschrift bezogen. Schönschrift wird teilweise als Synonym für Kalligrafie, einer Form der Schriftkunst, genutzt. Außerdem steht sie in enger Beziehung zum früheren Schönschreiben-Unterricht, in dem Schüler eine leserliche Schreibweise der Schreibschrift einüben sollten. Als Kursive oder Kursivschriften wurden schon die frühen römischen Gebrauchsschriften bezeichnet. Trotzdem denken die meisten Menschen automatisch an kursiv gedruckte Schriften, die ihren handschriftlichen Ursprung deutlicher zeigen als die meisten anderen Druckschriften. (Mindestens die Buchstaben »a« und »e«, oftmals das »g«, manchmal auch das »k« haben die vereinfachte handschriftliche Buchstabenform.) Bezogen auf den Druck kommen die kursiven Schriften überwiegend als Akzidenzschriften* für Textauszeichnungen zum Einsatz. Die Bezeichnung Kursive für eine handgeschriebene, laufende Schrift ist also üblich – wenn auch nicht unumstritten. Ich finde

Die Buche

sie durchaus brauchbar. Ebenso brauchbar und uns allen wahrscheinlich am geläufigsten ist der Begriff Schreibschrift, weshalb ich beide Bezeichnungen in diesem Buch verwende.

Gemein ist den Schreibschriften, dass ihre Buchstabenformen und somit das Schriftbild von den jeweiligen Schreibwerkzeugen bestimmt wurden. Seit dem 16. Jahrhundert wurden neben den kursiven Druckschriften auch Schreibdruckschriften geschaffen, die die Anmutung und Strichführung der ursprünglichen, manuellen Schreibgeräte zu imitieren versuchten. Trotz teilweise großer optischer Unterschiede einzelner Schreibschriften (die auch auf unterschiedliche Schreibwerkzeuge zurückzuführen sind) weisen sie einige Merkmale auf, die sie als Schreibschrift klassifizieren. Diese Gemeinsamkeiten vereinen sie, wenn sie auch nicht bei jeder Schrift gleichwertig ausgeprägt sind. Angelehnt ist die folgende Aufzählung an die Zusammenfassung des Typografen Jan Hendrik Weber aus seinem Buch »Kursiv«.*

* *Bei einer Akzidenzschrift oder Akzidenzia handelt es sich um eine Schriftart, die als Auszeichnungs- oder Titelschrift Verwendung findet.*

* *Vergleich Hendrik Weber, »Kursiv – Was die Typografie auszeichnet«. Sulgen, Niggli, 2010. S. 87 ff.*

{16}
Eine heutige Frauenhandschrift, die ausgeglichen und rhythmisch läuft, wie die gleichförmigen, roten Linien verdeutlichen.

1. **Rhythmus:** Der Rhythmus gibt bei allen Schriften als zentraler Bestandteil den Ton an. Wir sprechen hier natürlich von einem visuellen (oder besser räumlichen) Rhythmus, der aus Zeichen und dem Nichts dazwischen – Weiß- oder Leerraum genannt – besteht. In erster Linie hat der Rhythmus eine koordinierende Funktion. Er ermöglicht dem Leser, die Worte überhaupt als solche zu erkennen und zu lesen. Durch die rhythmische Aufeinanderfolge von Buchstaben entstehen Wörter, dann Zeilen und schließlich ein zusammenhängender Text. Stehen einzelne Buchstaben zu nahe beieinander, sind sie schwer zu unterscheiden; sind sie zu weit voneinander entfernt, fallen die Wörter buchstäblich auseinander, weil ihnen der Bezug zueinander fehlt.

Beim handschriftlichen Schreiben ist nicht nur die Ausformung des einzelnen Buchstabens bedeutend, auch das Gespür für die Verhältnisse der Einzelformen zueinander in einem Wort- oder Satzgefüge ist unerlässlich für ein harmonisches Schriftbild. Das heißt nicht, dass nach jedem Buchstaben genau der wenn sie nicht

mit [illegible]

{17} *Viele Buchstaben weisen Verbindungen auf, genau wie die gezeichnete rote Wellenlinie.*

auch nicht

und Hast,

gleiche Abstand folgt, ganz im Gegenteil! Weil ein Buchstabe immer im Zusammenspiel mit seinen direkten Nachbarn gesehen wird, sorgt eine leichte Varianz in den Abständen dafür, dass das Schriftbild ausgeglichen und regelmäßig aussieht. Ein gerundeter Buchstabe wie ein »o« benötigt einen anderen Leerraum als ein schmaler Buchstabe wie ein »i«. Gleiches gilt auch bei Wortabständen. Der Weißraum ist also genauso wichtig wie das geschriebene Zeichen.

Der Schreibrhythmus wird durch die ausführende Hand erzeugt, die versucht nach Möglichkeit schnell, effizient (und sauber) zu schreiben: aufsetzen – schreiben – abheben – pausieren. Jeder Schreiber besitzt sein eigenes individuelles Tempo, die kurzen Pausen dienen dabei der muskulären Entspannung der Schreibhand und sind unerlässlich für eine unverkrampfte Schrift. Eine effiziente Schreibschrift ist Rhythmus pur und schreibt sich fast von allein.

2. **Das Streben nach Verbindungen**: Im Schreibfluss und bedingt durch die verwendeten Schreibgeräte neigen die Einzelbuchstaben der Kursivschriften zu fließenden Abschlussbewegungen, die bereits zum Nachbarbuchstaben hinführen oder direkt in ihn übergehen. Die schwungvolle Linienführung wird aufgegriffen und fortgeführt – mit so wenigen Unterbrechungen wie möglich. Das Ende des einen ist daher oftmals bereits die Einleitung des anderen Buchstabens, wodurch verknüpfte Wortbilder entstehen.

Schreibschriften leben von ihrer laufenden Schreibweise und mühelosen Ausführung. Während ich beispielsweise in meiner Handschrift die Wörter »leben«, »auch« oder »geben« in einem (Feder-)Zug durchschreiben kann, benötige ich in einer Druckschrift sehr viel mehr Einzelstriche.

3. Schmalere Buchstabenformen: Der Schreibprozess – also vor allem das zügige Schreiben an sich – verändert bereits die Schriftform während der Ausführung. Der Schreibfluss schleift die Formen von Buchstaben ab. Sie werden schmaler, bedingt durch eine natürliche Neigung, die sich meistens ganz von selbst einstellt. Ein wohlgeformtes rundes »O« erzeugt man am ehesten durch eine langsame mit Bedacht ausgeführte Bewegung. Die zügig übers Papier eilende Feder verformt das runde »O« zu einem Ei, also einem Oval. Grundsätzlich sind Eier, besonders mit einiger Geschwindigkeit, leichter und unkomplizierter zu zeichnen beziehungsweise zu schreiben als perfekte Kreise. Dieses Prinzip überträgt sich beim fließenden Schreiben auch auf die anderen Buchstaben, sie werden schmaler. Das Schnellschreiben reduziert sozusagen die überflüssigen Pfunde, und das Schriftbild bekommt sein Fett weg.

4. Neigungsgrad: Die Neigung der Schreibschriften in Laufrichtung – also nach rechts – ist bei vielen Kursiven der augenscheinlichste Charakterzug. Er entspringt ebenfalls der auf Schnelligkeit ausgelegten Schreibweise. Über die Zeit hat sich der Neigungswinkel beständig verändert. Während einige Schreibschriften annähernd senkrecht geschrieben wurden, waren andere so stark geneigt, dass das ganze Schriftbild in Schieflage geriet. Bisweilen bestimmte die individuelle Vorliebe des Schreibers den Neigungsgrad, der sich von Zeit zu Zeit änderte. Das gilt bis zur heutigen Zeit: Jeder Mensch verwendet den Winkel, mit dem er sich beim Schreiben wohlfühlt. Auch nach links geneigte Schriften kommen mitunter vor. Beim sehr hastigen Schreiben gewinnt mein eigener Schriftwinkel mitunter noch ein paar Grad dazu.

mit Mühe oder Fleiß

sondern mit Lust

geschrieben

{18} *Die kursive Schreibweise mit den schmaleren Buchstaben, der Rechtsneigung und dem dynamischen Schriftbild tritt deutlich hervor, was die gewellte Linie widerspiegelt.*

Das Zitat stammt von Giambattista Bodoni.

5. **Dynamik:** Die laufende Schreibweise – mit allen genannten Merkmalen – erzeugt fast automatisch den Eindruck einer dynamischen Bewegung. Grundsätzlich ist das Schreiben und Lesen immer mit einer gewissen Dynamik verbunden, weil es eine Bewegungsrichtung hat: (bei uns) von links nach rechts. Trotzdem kann eine Schrift durch ihre Form und das Schriftbild unbeweglich wirken, zum Beispiel durch eine starke Betonung der Senkrechten. Bei den Kursiven zeigt sich der Bewegungsdrang besonders deutlich im Schriftbild durch die Neigung und die schmaleren Buchstabenproportionen. Dadurch erwecken sie den Eindruck davonzueilen.

Das Zusammenspiel der unterschiedlichen Merkmale, in Kombination mit den ausführenden Werkzeugen, prägen jede Schreibschrift und geben ihr ihren eigenen Duktus*. Über Jahrhunderte hinweg haben sich diese schreibschrifttypischen Eigenheiten ausgebildet – und das nicht zufällig. Jede frühere Schreibschrift hatte eine schnelle und einfache, manchmal auch formschöne Ausführung zum Ziel. Das haben wir sogar schriftlich.

* *Als Duktus bezeichnet man die charakteristische Art einer Schrift.*

und Liebe

sind.

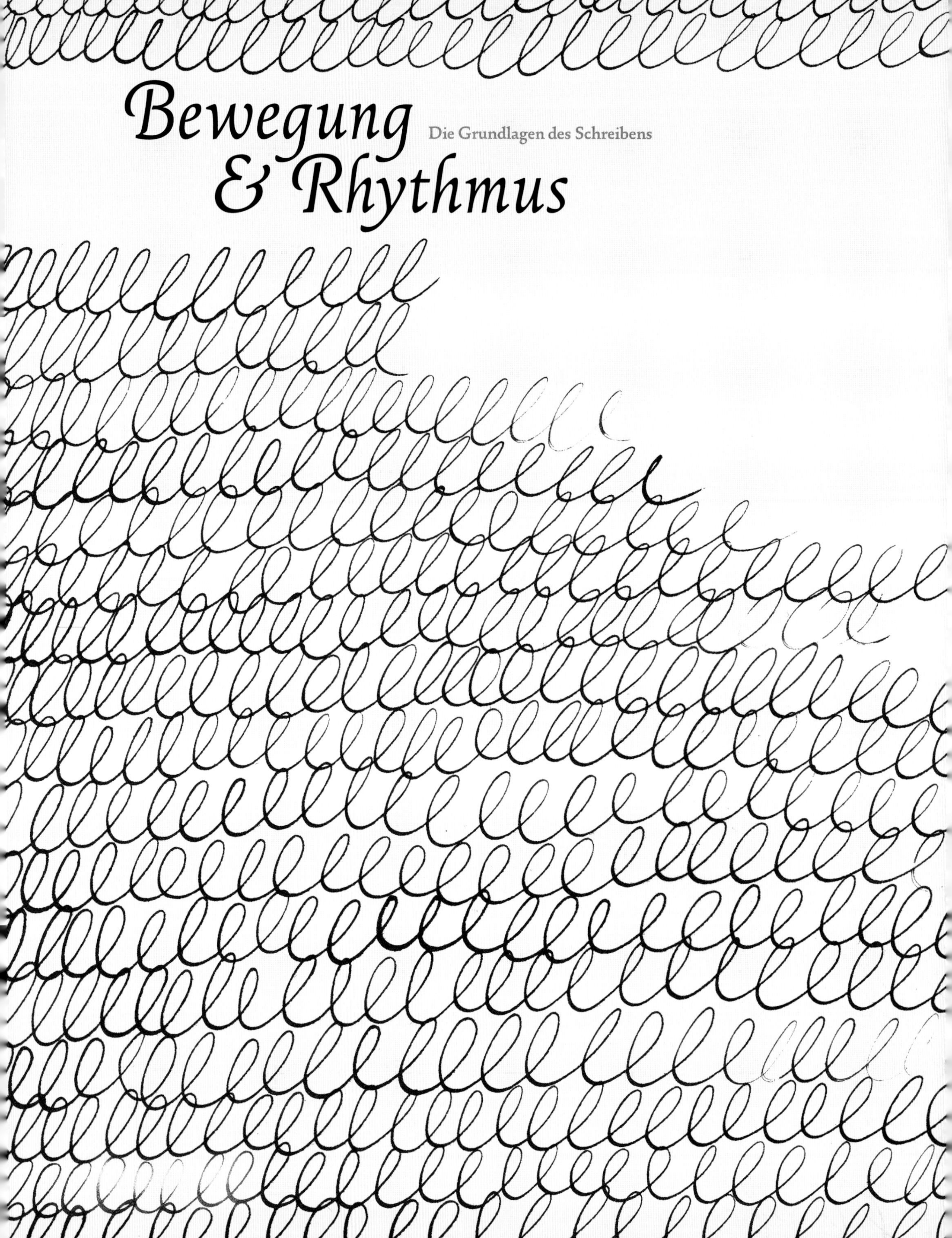

Bewegung & Rhythmus

Die Grundlagen des Schreibens

Die Basis einer harmonischen, gleichmäßigen Schreibschrift ist ihre flüssige, rhythmische Bewegung. Bricht man sie auf die Grundbewegung herunter, erhält man eine Reihe miteinander verbundener Schlaufen. Das langsame Zeichnen von gleichmäßigen Schlaufen ist eine beliebte Übung des Erstschreib-Unterrichts.

{19} *Eine schnell ausgeführte Schreibübung*

IV. Die Bewegung des Schreibens

Eine motorische Meisterleistung

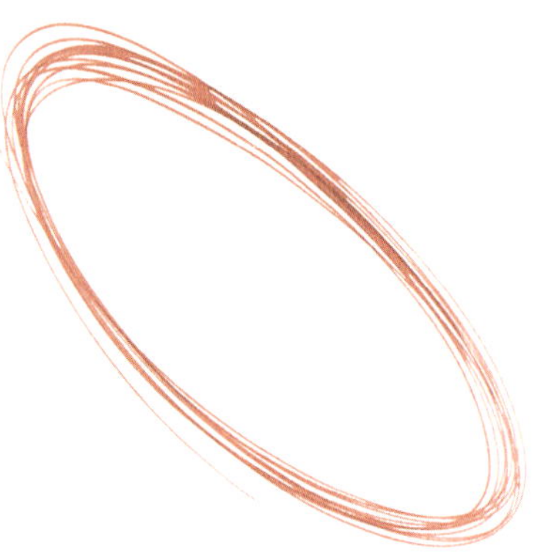

Wie oft in meinem Leben habe ich wohl schon den Satz ausgesprochen: »Ich schreibe mir das mal eben auf«? Unzählige Male! Gut zugegeben, danach folgt meistens die Frage nach einem Stift (oder einem Stück Papier). Das kurze Notieren einer Adresse, das Auflisten von Einkäufen, das Fixieren einer Idee oder das Sortieren von Aufgaben auf kleinen Listen – alles ganz selbstverständlich. Schreiben ist für uns eine elementare Fertigkeit. Weil das Schreibenlernen in der Schule verpflichtend ist, gehen wir bei unseren Mitmenschen automatisch davon aus, dass sie ebenfalls schreiben können. Gar nicht oder nicht ausreichend schreiben (und lesen) zu können, wird in unserer Gesellschaft als Makel angesehen. Dabei denkt kaum ein routinierter Schreiber darüber nach, welche komplexen Teilprozesse vonnöten sind, um Buchstaben zu erzeugen.

In Fachkreisen spricht man vom Schriftspracherwerb von Kindern – also dem Schreiben- und Lesenlernen. Wie das genau vonstattengehen soll, dazu gibt es sehr unterschiedliche Ansätze, die über die Jahrzehnte hinweg immer wieder gewechselt haben. Einig ist man sich inzwischen nur darüber, dass die Schreibhandlung über die rein motorische Ausführung hinausgeht. Bei einer Abschrift ist das Auge, bei einem Diktat das Ohr und bei einem freien Aufsatz der eigene Kopf am Prozess beteiligt. Darüber hinaus ist das Schreiben vor allem eine sensomotorische Meisterleistung. Das heißt, die Bewegung ist nicht abgekoppelt von der Wahrnehmung, sondern ganz im Gegenteil: Die Sinne geben kontinuierlich Rückmeldungen, die wir zur Steuerung und Kontrolle unserer Bewegungen benötigen (egal, ob grob- oder feinmotorisch). Wir müssen schließlich wissen, ob wir die richtige Körperhaltung zum Schreiben haben und wo sich unsere Schreibhand gerade befindet.

Die Koordination von differenzierten Finger- und Handbewegungen übernimmt die Feinmotorik. An dieser Stelle kommt – beim Schreibenlernen – die sogenannte Grafomotorik ins Spiel. Vereinfacht gesagt, wird als Grafomotorik das präzise Zeichnen

oder Malen von Buchstaben bezeichnet, das durch unsere Augen kontrolliert wird. Im Fokus steht das sorgfältige Erstellen der korrekten Buchstabenform als Grundlage für das spätere Schnellschreiben. Dabei spielen viele unterschiedliche Komponenten, zum Beispiel die Hand-Auge-Koordination, eine wichtige Rolle. Die motorischen Prozesse, die uns das flüssige Schreiben leicht von der Hand gehen lassen, werden dem Bereich der Schreibmotorik zugeordnet. Sie automatisiert das handschriftliche Schreiben und führt zu einer Schreibroutine, der wir keine Aufmerksamkeit schenken müssen.

{20} Schönschreibübungen aus einem alten Heft

Optimal verläuft das Schreibenlernen, wenn der Übergang zwischen der formorientierten Grafomotorik und der dynamischen Schreibmotorik fließend gelingt. Das langsame Malen der Buchstaben zu Beginn fördert das Verständnis für den Aufbau einer Form. Durch stetiges Üben stellt sich eine Routine ein, die uns schneller werden lässt, sodass wir die Buchstaben aus der Bewegung heraus produzieren – eben schreiben. Als Schulkind ist man irgendwann gezwungen, zügig und leserlich mitzuschreiben. Wenn die Geschwindigkeit zählt und die Bewegung Fahrt aufnimmt, wird alles Überflüssige – wie Schnörkel oder herzförmige i-Punkte – automatisch aus der Schrift entfernt. Die eigene Handschrift wird von Experten auch als »bewegungsökonomisch«* bezeichnet.

Bevor man überhaupt mit irgendeiner Art von Schreibunterricht beginnt, gibt es einige grundsätzliche Voraussetzungen, die beachtet werden sollten. Es mag banal klingen, aber wichtig ist eine ordentliche Sitzhaltung. Der Schreibarm benötigt Unterstützung und Bewegungsfreiheit zugleich. Lehnt man sich weit nach vorne, lastet zu viel Gewicht vom Oberkörper auf den Armen, die Schreibhand drückt zu stark auf den Tisch und wird in ihrem Bewegungsradius eingeschränkt. Die Schrift verkrampft, die Schreibgeschwindigkeit sinkt und die Hand erlahmt schon nach kurzer Zeit.

Damit wären wir bei der zweiten Voraussetzung: eine entspannte Stifthaltung. Den Stift in der (leicht geneigten) Hand, sollte von derselben nur die Handkante und die beiden äußeren, ansonsten unbeschäftigten Finger die Schreibfläche berühren. Der Stift liegt zwischen Daumen, Mittel- und Zeigefinger in angenehmer Schreibposition – das heißt vor allem kontrollierbar – mit freiem Blick auf die schreibende Spitze.

Diese Voraussetzungen gelten bei Links- und bei Rechtshändern gleichermaßen. Ein wichtiger Aspekt, der bei linkshändigen Menschen hinzukommt, ist die Blattausrichtung. Empfohlen wird eine 30-Grad-Drehung nach rechts, damit die linke Hand unver-

* *Zitat von C. Marquardt aus dem Artikel »Von Hand gelernt« von S. Reinberger aus Spektrum–Die Woche, 20/2015*

{21} *Kalligrafische Gestaltung eines Schriftflusses von Christian Ewald*

krampft schreiben kann und nicht über das bereits Geschriebene schmiert. Im Gegensatz zu rechtshändig veranlagten Menschen können Linkshänder nicht den Stift über das Blatt ziehen (sonst schreiben sie Spiegelschrift), sondern müssen die Stiftspitze schieben.

Die übrigen motorischen Anforderungen müssen wir Menschen uns antrainieren. Schon im Vorschulalter üben sich Kinder durchs Malen und Zeichnen im Umgang mit unterschiedlichen Stiften. Durch Spiele, Tanzen oder Klettern schulen sie ihre Koordination von Bewegungen. Wichtig sind natürlich das harmonische Zusammenspiel von Finger- und Handbewegungen, eine gute Fingermuskulatur und Handbeweglichkeit sowie eine funktionierende Auge-Hand-Koordination. Je besser Daumen und Zeigefinger zusammenarbeiten, desto leichter fällt das schwungvolle, ausgeglichene Schreiben. Beim Schreibvorgang findet ein Zusammenspiel von Finger-, Hand- und Armbewegungen statt, das sich aus der Koordination von 17 Gelenken und mehr als 30 Muskeln zusammensetzt. Es ist eine muskuläre Teamarbeit.

Unzählige Hilfen, Fr
geschmackvolles Essen
habe ich auch in 20
halten, dass ich nich

Eine flüssige Schrift hinterlässt Spuren. Wissenschaftliche Erkenntnisse zeigen, dass Schreibbewegungen als ganzheitliches Muster im motorischen Gedächtnis gespeichert werden, die wir von dort jederzeit wieder abrufen können. Das sollte uns wenig verwundern, sind doch sage und schreibe zwölf Gehirnareale beim Schreiben in Aktion. Haben Sie schon einmal versucht mit geschlossenen Augen zu schreiben? Nein? Dann versuchen Sie es jetzt! Sie werden feststellen (unter der Voraussetzung, dass Sie ein geübter Schreiber sind), dass Ihre Handschrift mit geschlossenen Augen nur gering von Ihrer normalen Schrift abweicht. Eben dafür sorgen die motorischen Gedächtnismuster – wir schreiben sozusagen auf Autopilot. Tatsächlich bremsen wir uns selber aus, wenn wir unseren Schreibprozess visuell kontrollieren wollen. Die Blickfolgebewegungen unserer Augen sind zu langsam, um die Stiftspitze eines geübten Schreibers durchgängig verfolgen zu können. Bei etwa fünf Auf- und Abstrichen* pro Sekunde wird die Stiftspitze unscharf. Eine flüssige Schreibschrift erlernt der Mensch durch die Bewegungserfahrung (mit einer gewissen Mindestgeschwindigkeit). Das reine Nachzeichnen eines Buchstabens ist nicht ausreichend, um eine Gedächtnisspur zu hinterlassen. Im Übrigen, auch wenn die Augen als Kontrolle ungeeignet sind, ist die automatisierte Bewegung trotzdem eine sensomotorische, bei der kontinuierlich auf die Informationen der Sinnesorgane zurückgegriffen wird. Das bedeutet, dass das motorische Lernen beginnt, wenn die Zeit drängt. Alles, was das Tempo verlangsamt, wird aus der eigenen Schreibweise entfernt. Gleichzeitig fördert das handschriftliche Schreiben erwiesenermaßen die Erinnerung an und das Verständnis für die geschriebenen Inhalte. Soll heißen, wer flüssig schreibt, weist eine höhere kreative Leistung auf. Im Gegensatz zum Tippen auf einem technischen Gerät (insbesondere, wenn dieses Gerät noch Wortergänzungen vornimmt) aktiviert das Schreiben auf Papier das Gehirn ganzheitlicher. Eine Studie der amerikanischen Psychologen Pam Mueller und Daniel Oppenheimer von 2014 verglich das Tippen mit dem handschriftlichen Schreiben. Die Hälfte der Studentinnen und Studenten, die sich von Hand Notizen machten, erfassten komplizierte Zusammenhänge besser als ihre mittippenden Kommiliton(inn)en. Wer per Hand schreibt, denkt mehr nach, verdichtet Inhalte und strengt dadurch seine grauen Zellen mehr an. Das wirkt sich auch auf die kognitive Entwicklung von Kindern positiv aus – Vorstellungskraft, Kreativität und Erinnerungsvermögen werden angeregt.

* *Aufstriche sind nach oben, Abstriche nach unten geführte Striche innerhalb von Buchstaben.*

{22} Oben: Diese Handschrift zeigt deutlich das Alter und die zittrige Hand der Schreiberin.

Unten: Im Vergleich dazu ihre frühere Schrift auf einem Briefumschlag

{23} Schönschreibübungen für Fortgeschrittene

Das präzise Greifen

Die Basis für die Stiftführung

Die Fähigkeit, eine Feder oder einen Stift zu halten und zu führen, wie wir es tagtäglich tun, verdanken wir dem Aufbau unserer Hand. Das Wort »Hand« findet korrekterweise nur dann Verwendung, wenn von einer Greifhand die Rede ist. Wie der Name schon andeutet, zielt die Bezeichnung auf das Greifen und Festhalten von Gegenständen ab. Dafür unerlässlich ist unser zweigliedriger Finger, der den anderen gegenübergestellt ist. Genau, die Rede ist vom Daumen. (Es gibt auch Greiffüße mit einem gegenübergestellten Zeh, zum Beispiel bei Vögeln – aber das nur am Rande.) Die anderen menschlichen Finger sind dreigliedrig und überwiegend einzeln beweglich. Überhaupt entstehen die Fingerbewegungen genau genommen im Unterarm, denn dort sind die verantwortlichen Muskeln angesiedelt. Die feinen Sehnen dieser Muskeln (befestigt an den Handknochen) sind es, die innerhalb der Hand aktiv werden und den Zug für die Fingerbewegungen ausüben.

Aber zurück zum präzisen Greifen. Mit unserer Hand beherrschen wir die kompliziertesten Bewegungen, zu denen ein Mensch fähig ist, zum Beispiel den Pinzettengriff, der für das feinfühlige Werkeln mit einem Gegenstand unentbehrlich ist. Wir ergreifen eine Sache – beispielsweise einen Stift – mit den Fingerspitzen von Daumen und Zeigefinger wie mit einer Pinzette. Mit etwa neun bis zehn Monaten erlernt ein Kleinkind diese Fertigkeit, davor wird beidhändig zugepackt. Das kontrollierte Ergreifen eines Stifts ist daher ein erster wichtiger Meilenstein. Bei der korrekten Schreibhaltung umfassen Daumen und Zeigefinger den Stift unverkrampft und der Mittelfinger stützt ihn von unten ab. Der Rest – Bewegungsrichtung, Geschwindigkeit, Koordination und Kraftaufwand – ist Kopfsache. Aber wie schon mittelalterliche Schreiber zu berichten wussten: *Scribere qui nescit, nullum putat esse laborem. Tres digiti scribunt totum corpusque laborat* – »Wer nicht zu schreiben versteht, glaubt, dass es keine Mühe sei. Drei Finger schreiben, und der ganze Körper leidet.«*

* *Spruch aus dem 8. Jh., der so oder mit ähnlichem Wortlaut immer wieder zitiert wurde*

{24} *Die korrekte Stifthaltung von vorne und im Profil*

2.

Die Geschichte der Schreibschrift

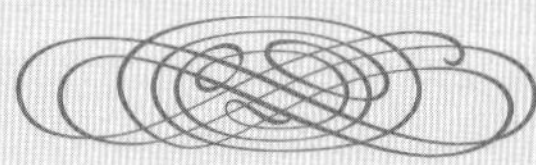

I.

Der römische Ursprung

Römisches Reich: etwa 753 v. Chr. – 476 n. Chr.

{25}
Rechts: In Stein gemeißelte Kapitalschrift an der Trajanssäule in Rom

{26}
Unten: Eine ältere römische Kursive auf Papyrus geschrieben, entstanden in der Mitte des 1. Jh.

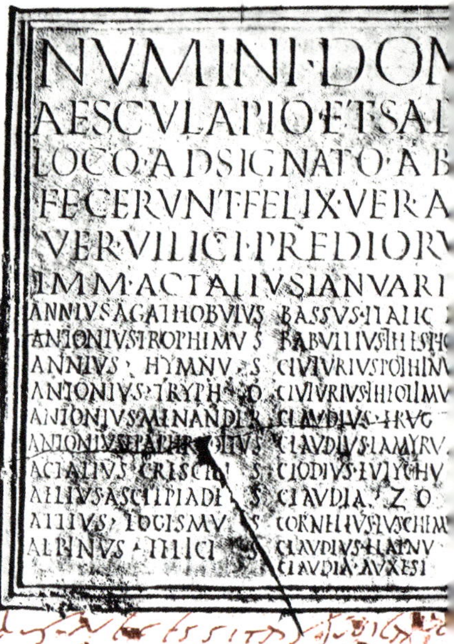

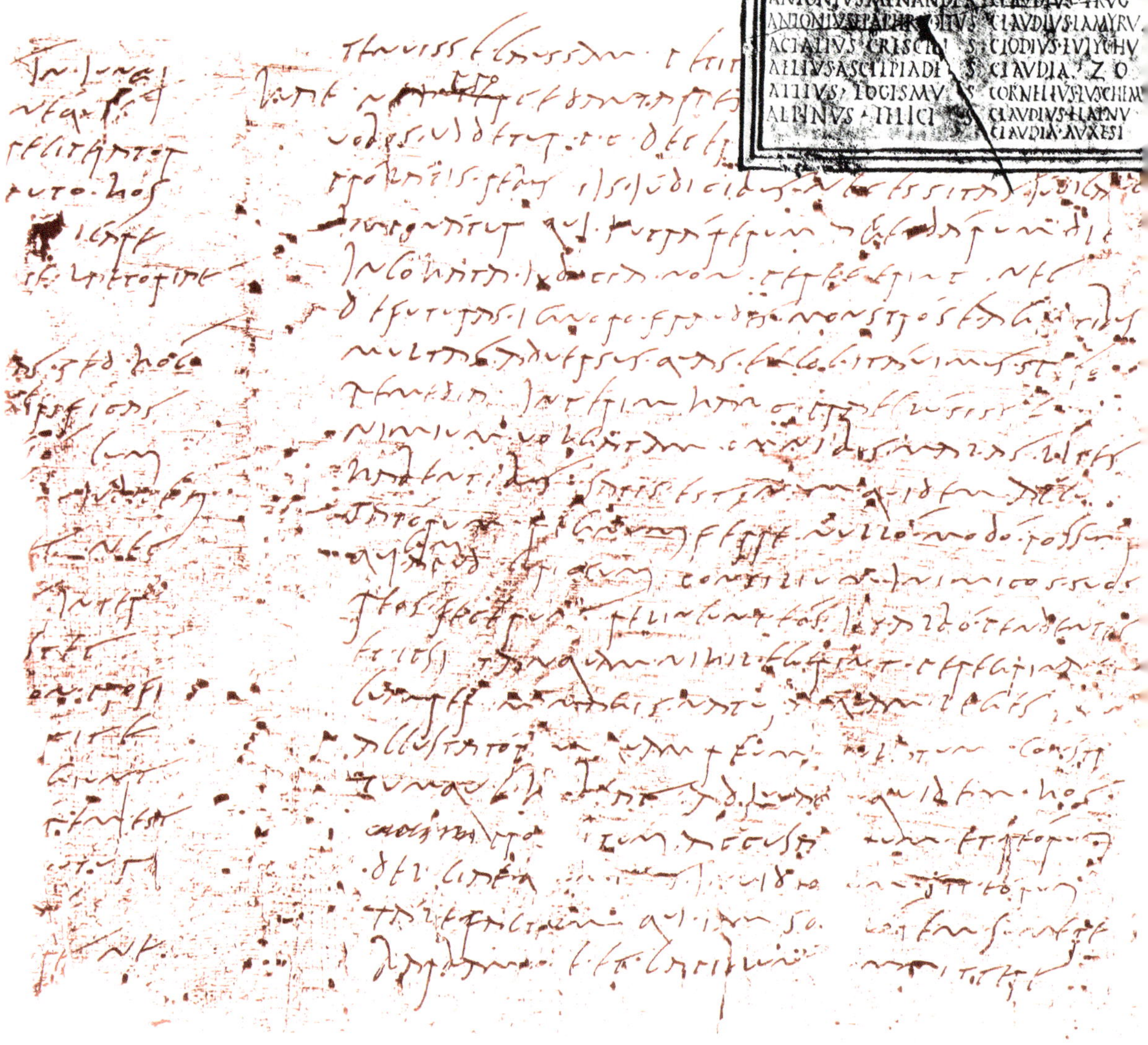

Dass die Entwicklung der Schrift nicht erst mit den Buchstaben- beziehungsweise Alphabetschriften begann, habe ich bereits kurz angeschnitten. Da waren die mythologischen Überlieferungen (Vielleicht erinnern Sie sich noch an Thot, die Musen auf Kreta und den römischen Gott Merkur?), die frühen Hochkulturen mit ihren Schriftsystemen, die sich weg von den Ideen- hin zu den Lautschriften entwickelten, die eingeritzten Tontafeln und so weiter. Für die Betrachtungen der Anfänge der lateinischen Schreibschriften sind es aber die Römer und ihre Kultur, die von zentraler Bedeutung waren. Sie übernahmen und modifizierten das griechische Alphabet, das über die Etrusker und mit deren Einflüssen zu ihnen gelangte (Merkur war leider nicht beteiligt). Allgemein war das Wirken der Etrusker auf das junge Rom – das genaue Gründungsdatum ist unbekannt, auch wenn es der Legende nach 753 v. Chr. erfolgte – enorm. Zu Beginn besaß das altlateinische Alphabet 21 Buchstaben – »W«, »Y« und »Z« waren unbekannt, »I« und »J« sowie »V« und »U« wurden nicht differenziert – was auch noch einige Zeit so blieb. Erst im 1. Jahrhundert v. Chr. wurden das »Y« und »Z« ins lateinische Alphabet aufgenommen.

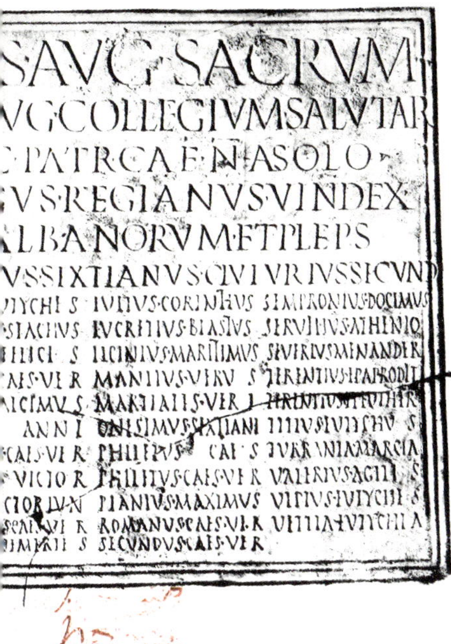

Schon lange bevor überhaupt eine Kursive benötigt wurde, spielten Inschriften eine wichtige Rolle. Die alten Römer verwendeten dafür eine Kapitalschrift: die *Capitalis Monumentalis*. Aufgrund ihres Einsatzgebietes auf überwiegend steinernen Denkmälern wird sie auch Monumental- oder Lapidarschrift* genannt. Sie besteht wie alle Kapitalschriften nur aus Großbuchstaben. Diese erwecken den Anschein, auf Grundlage eines Quadrates konstruiert worden zu sein, mit nur einigen leichten formalen Abwandlungen. Die typischen Serifen* entstehen durch die Meißeltechnik mit den quer gesetzten Strichabschlüssen. Die *Monumentalis* ist das idealisierte Vorbild aller Antiqua-Schriften*.

*
Das lateinische Wort für »Stein« ist lapis. Der Begriff »Lapidarschrift« bezieht sich also auf den Hauptträger für die Inschriften: Stein.

**Serifen sind die abschließenden Querstriche am Ende eines Buchstabenstrichs, sie werden manchmal auch als Füßchen bezeichnet.*

**Der Begriff »Antiqua« wurde erst in der Neuzeit geprägt und bezieht sich auf die Schriften der Antike, die in der Renaissance als Vorbilder dienten.*

Ihre Entsprechung als Buchschrift findet sie in der *Capitalis Quadrata*, der römischen Quadratschrift. Diese handschriftliche Variante überträgt die gemeißelten Buchstabenformen der Inschriften mit Tinte auf Papyrus oder später Pergament. Dabei behält sie – wie der Name schon vermuten lässt – ihre auf den rechten Winkel ausgelegten Formen bei. Die zweite gebräuchliche Buchschrift der Römer hört auf den Namen *Capitalis Rustica* und war die weiter verbreitete, aber weniger vornehme Variante. Versucht die *Quadrata* noch die gemeißelten Formen ihres Vorbildes zu imitieren, distanziert sich die *Rustica* deutlich. Mit ihren schmaleren, geschwungeneren Buchstaben und weniger Drehungen der Rohrfeder ist sie einfacher und schneller zu schreiben.

Die ersten Hinweise auf eine römische Gebrauchsschrift finden sich während des Kaiserreichs, das von 27 v. Chr. bis ins 3. Jahrhundert n. Chr. Bestand hatte. Die Alphabetisierung der Gesellschaft nahm zu. Es war eine kulturelle und wirtschaftliche Blütezeit, die vermutlich das Bedürfnis nach einer schneller zu schreibenden Schrift mit sich brachte. Folglich entstand die *Capitalis Cursiva* – auch ältere römische Kursive genannt. Der römische Ausdruck *Cursiva* basierte auf dem Wort *cursum* und führt schließlich – vielleicht haben Sie es schon erraten – wieder zum lateinischen Wort für »laufen«: *currere*. Sie wurde mit einem Griffel in Wachstäfelchen eingeritzt oder mit einer Rohrfeder und Tinte auf Papyrus geschrieben. Die frühesten Schriftstücke in der älteren römischen Kursive fand man auf Pompeji in Form von geschäftlich genutzten Wachstafeln kurz nach der Zeitenwende. Allerdings ist es nicht unwahrscheinlich, dass sie bereits lange vorher genutzt wurde, zum Beispiel auch für Graffiti*. (Das Graffiti-Schreiben

* *Antike Graffiti gehören zur Kategorie der Inschriften. Es handelt sich um Texte oder Bilder, die ohne Erlaubnis auf Wände angebracht wurden, was jedoch nicht zwangsläufig bedeutet, dass sie verboten waren. In Pompeji fand man bei den Ausgrabungen einen reichen Schatz an Graffiti.*

CEOVELAMEN
BDÇGKHQXYZS

{27} *Capitalis Quadrata (4. Jh.)*

QVECREAT·SAEVOMC
TYPHOEA·DKBÇNFIX

{28} *Capitalis Rustica (5. Jh.)*

TORRENTISQU
EMNONPERTR

{29} *Römische Unziale (5. Jh.)*

Equiaomnequ-
fitantequamfi

{30} *Römische Halbunziale (5. Jh.)*

war bei den Römern sehr ausgeprägt, von einfachen Notizen über Bilder bis zu obszönen Sprüchen an allen möglichen und unmöglichen Orten.) Da es in der Natur einer Kursivschrift liegt, flüchtig zu sein, und sie für kurzfristige, schnelle Anwendungen bestimmt ist – ganz anders als die auf Dauerhaftigkeit ausgelegten Inschriften –, sind genaue Angaben zu ihrer Entstehung nicht möglich.

Die Frühform der älteren römischen Kursive war mehr oder weniger eine Abart der *Capitalis Quadrata*. Sie verließ das strenge (quadratische) Konstrukt, brachte die ersten Buchstabenverbindungen hervor und neigte sich in Schriftrichtung. Ihre größtenteils gleich hohen Buchstaben brachten ihr die Namen Kapital- oder Majuskelkursive* ein. Wie die Bezeichnungen schon andeuten, bestand auch diese Schriftart nach wie vor aus Großbuchstaben. Damit basierte sie wie ihre Vorgänger auf einem Zweilinienschema, das sich aus einer Grundlinie, auf der die Buchstaben stehen und einer Höhenlinie, die durch ihre Oberkanten gebildet wird, zusammensetzt.

Im Übrigen war den Römern auch eine Kurzschrift nicht fremd. Die Stenografie der Antike hieß Tironische Noten. Schon zu Ciceros* Zeit, noch vor der Zeitenwende, wurde sie zur Mitschrift von Diktaten verwendet. Sie soll sogar von Ciceros Sklaven Tiro (der später freigelassen wurde) erfunden worden sein.

{31} Ältere römische Kursive, Kapital- oder Majuskelkursive (1. Jh.)

{32} Jüngere römische Kursive, Minuskelkursive (Entstehungszeit unklar)

Die Inschriften, Buchschriften und Gebrauchsschriften der Römer sind wunderbare Beispiele für die gegenseitige Einflussnahme von Schriften unterschiedlicher Anwendungsbereiche. Die ersten Buchschriften leiteten sich von den Inschriften ab,

{33} Römische Halbkursive, Minuskelhalbkurive (Entstehungszeit unklar)

* *Majuskeln und Versalien bezeichnen fachsprachlich Großbuchstaben. Daher bezeichnet die Majuskelschrift (auch Kapital- oder Versalschrift genannt) eine Großbuchstabenschrift.*

* *Marcus Tullius Cicero (106 – 43 v. Chr.) war ein römischer Politiker, Anwalt, Schriftsteller, Philosoph, berühmter Redner und Konsul im Jahr 63 v. Chr.*

die ältere römische Kursive löste sich von ihrem Vorbild der *Capitalis Quadrata* und nahm wiederum Einfluss auf eine weitere Schrift: die Unziale. Sie ist eine optimierte und verfeinerte Form der Kursiven mit einigen Ober- und Unterlängen und zahlreichen Rundungen, die als Buchschrift Verwendung fand. Eine Verwandtschaft mit der griechischen Unziale ist ebenfalls nicht ausgeschlossen, da sich einzelne Buchstaben dieser beiden Schriften extrem ähneln. Die Unziale verdrängte im 5. Jahrhundert die anderen Buchschriften und blieb bis ins 9. Jahrhundert erhalten. Sie erfreute sich großer Beliebtheit bei den ersten Christen, die sie für Bibelhandschriften, Evangelienbücher und weitere religiöse Werke verwendeten (daher wird sie manchmal auch Bibelmajuskel genannt).

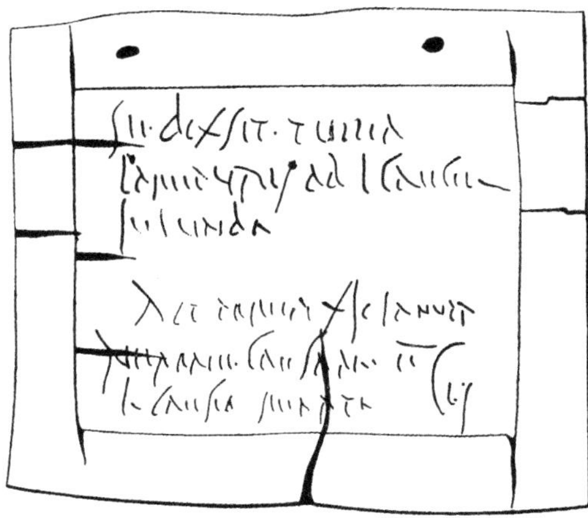

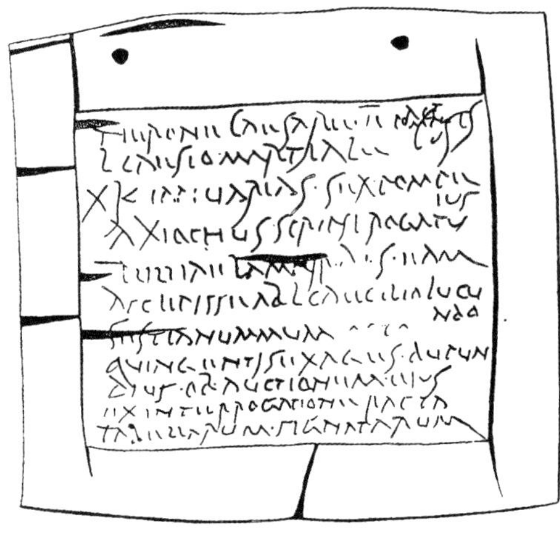

Mit fortschreitendem Bestehen – und natürlich unter Einfluss der anderen Schriften und der Schreibwerkzeuge – wandelte sich die Kursive immer stärker ab. Sie wurde kleinformiger, bildete immer mehr Ober- und Unterlängen aus, entwickelte neue Ligaturen und entfernte alle überflüssigen Ecken und Kanten. Das durchgängige Schnellschreiben mit einfachen Formen und möglichst wenigen neuen Strichansätzen war das Ziel. Die Endstriche der einzelnen Buchstaben begannen deutlich in Richtung ihrer Nachbarn zu streben. Die gesamte Anmutung der Kursive erschien glatt geschliffen und flüchtig im Vergleich zu den Monumentalschriften.

Zur römischen Spätzeit mündete diese Entwicklung in der jüngeren römischen Kursive oder Minuskelkursive*. Verwandt mit der Unziale, sprengt diese Kursive das Zweilinienschema durch ihre zahlreichen Auswüchse nach oben und unten. Wie für spätere Minuskelschriften mit Mittelhöhen, Ober- und Unterlängen* üblich, basierte sie auf einem Vierliniensystem, weil die Höhe der Kleinbuchstaben und die Kante der Unterlängen zwei zusätzliche Linien ergeben (denken Sie nur an die Schulhefte für Schreibanfänger). Man muss sich natürlich die Frage stellen, warum überhaupt Ober- und Unterlängen bei Buchstaben in Mode kamen. Die Antwort ist denkbar einfach: Es liest sich leichter. Einen nur in Großbuchstaben verfassten Text zu

* *Minuskel ist der Fachterminus für einen Kleinbuchstaben und die Minuskelschrift bezeichnet dementsprechend eine Kleinbuchstabenschrift.*

* *Mittelzone, Mittellänge oder x-Höhe ist die reguläre Höhe der Kleinbuchstaben, z. B. des »x«. Alle Buchstabenteile, die nach oben oder unten über die normale Höhe hinausreichen, werden als Ober- oder Unterlängen bezeichnet.*

{34} Links: Nachbildungen von Wachstafeln aus Pompeji, die Zahlungen quittierten

{35} Rechts: Ein Papyrusfragment, das Teile einer Rede Ciceros enthält: Sie wurde vermutlich nach seinem Tod zwischen 20 v. Chr. und 100 n. Chr. aufgezeichnet.

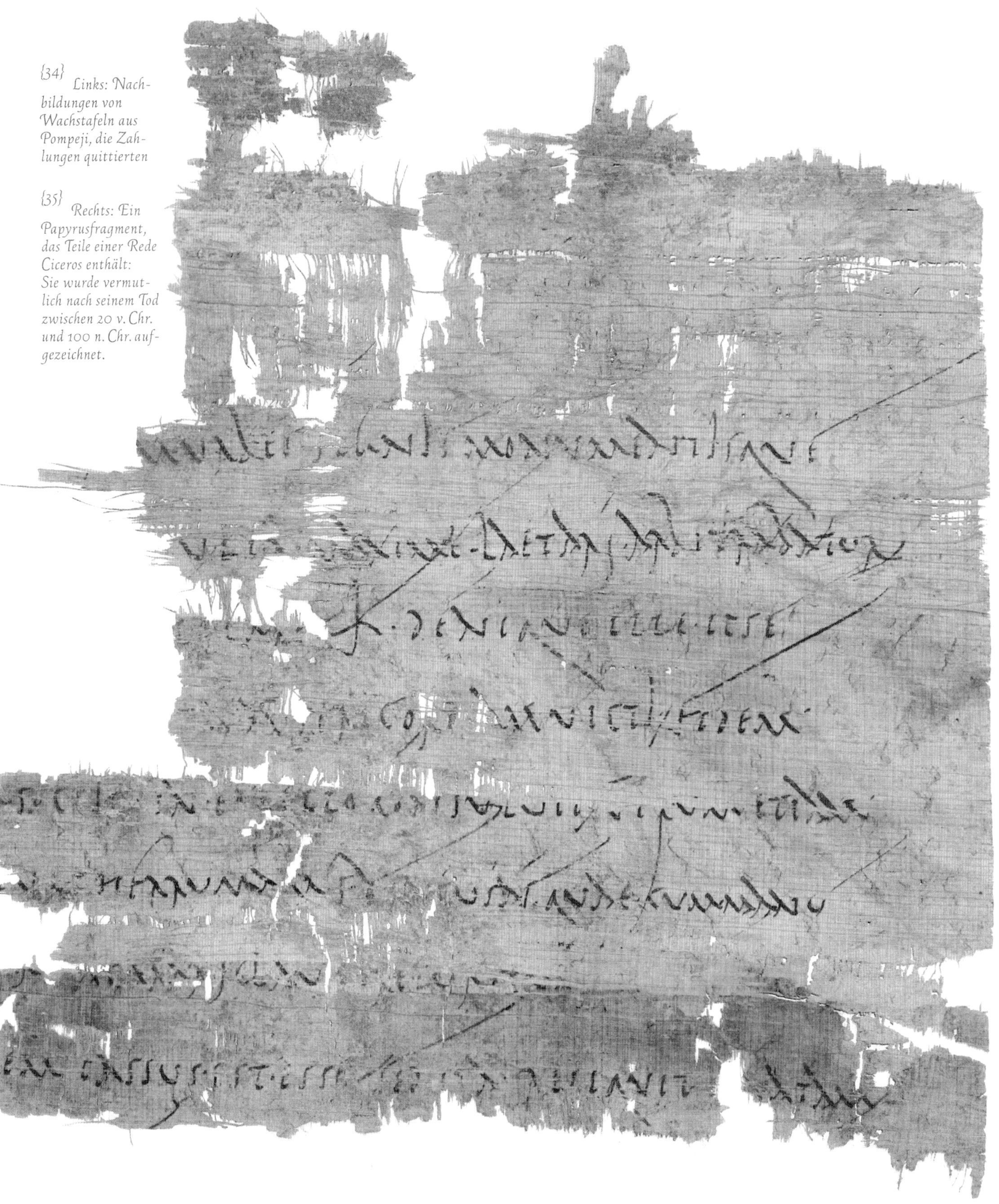

lesen, ist auf Dauer sehr ermüdend. Die jüngere römische Kursive gibt also schon einen Hinweis auf die Entwicklung, die in den nächsten Jahrhunderten folgen sollte: die Ausbildung der Minuskeln. Der Übergang von der Majuskel- zur Minuskelkursive ging wahrscheinlich im Laufe des 4. Jahrhunderts vonstatten und war Richtung Ende des Jahrhunderts weitgehend vollzogen. In zahlreichen Variationen und Abwandlungen war die jüngere römische Kursive – vor allem als Urkundenschrift – bis in die späte Karolingerzeit zu finden.

Mit dem allmählichen Zerfall des Weströmischen Reiches, der bereits Ende des 5. Jahrhunderts einsetzte (das Oströmische Reich überdauerte als Byzantinisches Reich noch einige Jahrhunderte) veränderte sich auch das Schreiben. Eine Zeit des Umbruchs begann, bekannt als die Zeit der Völkerwanderungen. Neue Volksgruppen – viele davon waren germanisch – eroberten ehemals römische Gebiete; und während sie einige Teile der Kultur übernahmen, gingen andere verloren. Das Christentum, das 380 n. Chr. die offizielle Staatsreligion Roms geworden war, breitete sich weiter aus. Zählte in der Blütezeit des Römischen Reiches ein großer Kreis der Bürger und Soldaten zu den Schreibkundigen, so beschränkte sich dies in den darauffolgenden Jahrhunderten überwiegend auf (christliche) Gelehrte und amtliche Schreiber. War das Mittelalter an sich auch weit we-niger finster als allgemein angenommen, für die Schriftkultur war es nicht die hellste Zeit. Die römische Schreib- und Lesekunde sowie das hoch entwickelte Notariatswesen verödeten zu großen Teilen. Das Christentum bildete seine Vertreter natürlich noch im Schreiben und Lesen aus, schließlich handelt es sich um eine Buchreligion. Jedes große Kloster und jede bedeutende Kirche unterhielt zu diesem Zweck eine eigene Schule, in der vornehmlich das Lesen gelehrt wurde. Schreiben war eine weitere Zusatzqualifikation, die nicht jeder Kirchenmann lernte.

{36} *Angelsächsische Schrift (8. Jh.)*

Die Schriftentwicklung zu dieser Zeit erinnert an Kraut und Rüben. Obgleich der Zerfall des Römischen Imperiums voranschritt, gingen die römischen Schriften – allen voran die Unziale und Minuskelkursive – nicht verloren. Sie bildeten zahllose, nicht immer lesbare Varianten von Buch- und Verkehrsschriften im ehemaligen römischen Einflussgebiet. Lange Zeit wurden diese Schriften unter dem Begriff »Nationalschriften« zusammengefasst, werden heute aber eher als regionale Abwandlungen angesehen. Der Löwenanteil dieser Schriften nahm sich die jüngere römische Kursive zum Vorbild, um aus ihr eine Buchschrift zu formen. Eine Art Bindeglied zwischen der Minuskelkursive und ihren regionalen Abwandlungen bildete die römische Halbkursive, die im 7. Jahrhundert in Italien als Buchschrift genutzt wurde.

Relativ weit verbreitet in Europa und auf den Britischen Inseln war die Halbunziale. Trotz ihres Namens geht sie nicht direkt auf die gleichzeitig existierende Unziale zurück, sondern entstand aus der Minuskelkursive. Durch die Missionierung Irlands brachten Mönche diese Schrift mit. In Arealen Nordfrankreichs, Deutschlands und der Schweiz war teilweise bis ins 9. Jahrhundert der Einfluss der irisch-angelsächsischen Schrift (wiederum durch Missionare) erkennbar. Zusätzlich schrieb man in Bri-

Jüngere römische Kursive

{37} *Westgotische Schrift (10. Jh.)*

{38} *Beneventanische Schrift (11. Jh.)*

{39} *Altitalienische Buchschrift (7. Jh.)*

tannien noch die angelsächsische Spitzschrift. Einfachheitshalber wurden die irischen und angelsächsischen Schriften als insulare Schriften zusammengefasst.

Die westgotische und die merowingische Schrift entwickelten sich ebenfalls aus der jüngeren römischen Kursive. Erstere verbreiteten die Westgoten, ein germanischer Volksstamm, von Gallien bis auf die Iberische Halbinsel; Letztere war in Frankreich in Gebrauch, konnte aber von Kloster zu Kloster variieren. Als Urkundenschrift wurde sie in der Kanzlei der merowingischen Könige* geschrieben.

In Italien selbst entwickelten sich die päpstliche Kuriale, die altitalienische Buchschrift und die beneventanische Schrift aus der Minuskelkursive. (Wobei hier gesagt werden muss, dass die altitalienische Buchschrift teilweise als langobardische Schrift bezeichnet wurde, deren Existenz wiederum umstritten ist, weil sich verschiedene Einflüsse kreuzten und nicht unbedingt von einer einheitlichen Schrift gesprochen werden kann – kompliziert, ich weiß.) Die beneventanische Schrift gab es hingegen definitiv (wobei einige Autoren sie manchmal als langobardisch-beneventanische Schrift bezeichnen). Ausgehend vom süditalienischen Kloster Monte Cassino lag ihre Glanzzeit als Buchschrift im 10. und 11. Jahrhundert. Große klösterliche Schreibstuben

* *Die Merowinger waren ein frühmittelalterliches Königsgeschlecht der Franken, die von den Karolingern abgelöst wurden.*

Die Geschichte der Schreibschrift

»Und schrieb und schrieb
an weißer Wand
Buchstaben von Feuer,
und schrieb und schwand.«

Heinrich Heine

wie die eben genannte oder auch St. Gallen, Fulda, Metz etc. hatten durchaus Einfluss auf den lokalen Schreibstil, was die Situation nicht unbedingt vereinfachte.

Bei diesem Wildwuchs an lokalen und regionalen Schriften nicht den Überblick zu verlieren, ist gar nicht so einfach, vor allem wenn die Existenz einzelner Schriften auch noch umstritten ist. Der eigentliche Kern dieses ganzen Kapitels sind die Entstehung der römischen Kursivschriften und ihr Einfluss auf die späteren Schriftformen. Offensichtlich wussten bereits die Römer eine schnelle, leicht von der Hand gehende Schrift für den alltäglichen Gebrauch zu schätzen. Damit legten sie vor über 2000 Jahren einen entscheidenden Grundstein für unsere heutige lateinische (Schreib-)Schrift. In der römischen Epoche zeigte sich, wie eng Kursiv- und Buchschriften (teilweise auch Urkundenschriften) miteinander verknüpft waren. Durch die fortschreitende Christianisierung festigte sich der Gebrauch lateinischer Schriften trotz großer optischer Varianz, während Schriftsysteme wie die altgermanischen Runen* irgendwann ausstarben.

{40} *Das Fresko, datiert auf 55–79 n. Chr., zeigt eine Frau mit Wachstafelbuch und Stilus. Allgemein wird sie Sappho genannt nach der berühmten griechischen Dichterin, die aber hier nicht dargestellt wird.*

* *Es gab unterschiedliche Runenschriften. Die älteste unter ihnen, Futhark genannt, war vom 1. Jh. bis zum 8. Jh. bei den Nordeuropäischen Germanen in Gebrauch.*

Stilus & Calamus

Die Schreibgeräte der Römer

Die Römer benutzten, wenn sie nicht gerade eine Inschrift einmeißelten, üblicherweise zwei unterschiedliche Schreibgeräte je nach Zweck und Beschreibstoff: Stilus und Calamus. Der Stilus ist ein antiker Griffel aus Knochen oder Metall, manchmal auch Holz oder Horn, mit dem Buchstaben in kleine Schreibtafeln eingeritzt wurden. Die Holztafeln waren flach ausgehöhlt und die Schreibfläche mit gefärbtem Wachs bestrichen. Je nach Verwendung konnten mehrere dieser Tafeln problemlos zu einer Art Buch zusammengebunden werden – Diptychon, Triptychon oder Polyptychon (je nach Anzahl der Tafeln) genannt. Wurde ein Text nicht länger benötigt, konnte er mit einem Spatel gelöscht, das Wachs geglättet und die Tafel neu beschrieben werden. Kleinere Fehlerkorrekturen wurden direkt mit dem abgeflachten Ende des Stilus vorgenommen. Besonders für Kurzmitteilungen erfreuten sich die Wachstäfelchen großer Beliebtheit. Sie wurden beschrieben, zu einem Nachbarn, Geschäftspartner, Freund, Liebhaber oder einer sonstigen Person geschickt und nach dem Glätten kam die Antwort auf derselben Tafel wieder zurück. Im Übrigen kamen ähnliche Stili auch für Graffiti zum Einsatz.

Der Calamus, das andere antike Schreibgerät, war ein Schreibrohr aus Schilfgras. Schon die Ägypter nutzten diese Rohrfeder, um Tinte auf Papyrus, Pergament oder Tonscherben aufzutragen. Das geschnittene Schilfrohr wurde vorne zugespitzt, schräg angeschnitten (je nach Schriftgröße größer oder kleiner) und wie unsere modernen Metallfedern für den optimalen Tintenfluss an der Spitze gespalten. Wurden die Federn beim Schreiben stumpf, konnte man sie problemlos nachschärfen.

Die Römer übernahmen neben dem Stilus und den Wachstafeln auch die Verwendung von Papyrus und Pergament von den Griechen. Papyrus war der wichtigste Beschreibstoff in Ägypten und wurde dort aus den Sumpfpflanzen des Nilufers hergestellt. Das klassische Buch der Römer war die Papyrusrolle, die aus einzelnen Blättern zusammengeklebt wurde. Das Pergament, bestehend aus eingeweichten und abgeschabten Kalbs-, Ziegen- oder Schafshäuten, gewann erst nach der Zeitenwende langsam an Bedeutung. Noch bis ins 4. Jahrhundert hinein existierten beide Beschreibstoffe für unterschiedliche Anwendungen nebeneinander, bis schließlich das Pergament dem Papyrus den Rang ablief.

{41}
Links: Wachstafel mit unterschiedlichen Stili

Rechts: Rohrfeder und Papyrus

II. Die Entstehung der Minuskel

Fränkisches Reich: 482 n. Chr. – 843 n. Chr.

Das allgemeine Schreibbedürfnis der Römer und die sich wandelnden Schreib- und Beschreibmaterialien – neben der Rohrfeder kam der Federkiel in Mode – trieben die Ausformung der Minuskeln voran. Auf dem tierischen Pergament, das sich langsam als Schriftträger durchsetzte, konnte schneller und aufgrund seiner glatteren Oberfläche auch kleiner geschrieben werden. Der Pergamentcodex löste die Schriftrolle für Buchschriften größtenteils ab. Minuskeln mit ihren Ober- und Unterlängen förderten grundsätzlich den Lesefluss, die regionalen und lokalen Schriften taten das leider nicht. Obwohl all diese Buchschriften, die fast ausschließlich auf der jüngeren römischen Kursive basierten, Kleinbuchstabenschriften waren, war ihre Lesbarkeit eher Glückssache (und Glück hat man bekanntlich selten). Gerade die Beschränkung auf bestimmte Gebiete muss die Entzifferung für Fremde zu einer Herausforderung gemacht haben.

In Europa bildeten sich durch die Völkerwanderung neue Reiche auf dem Boden des ehemaligen Römischen Imperiums. Von großer Macht und Bedeutung war das Fränkische Reich, das unter den merowingischen Königen aufstieg und schließlich unter dem Geschlecht der Karolinger zur wahren Großmacht wurde. Die Franken waren einer der westgermanischen Volksstämme, die erst im Laufe der Zeit zu den christlichen Lehren überwechselten. Karl der Große (König von 768 bis 814), oder lateinisch Carolus Magnus, zeichnet sich verantwortlich für den entscheidenden kulturellen Impuls, der die Schriften reformierte: die karolingische Minuskel.

Durch die Einführung und rasche Ausbreitung der Carolina – genannt nach ihrem Förderer Karl – wurden die lokalen und regionalen Schriften nach und nach verdrängt. Sie wurde zur dominanten Schrift ihrer Zeit. König Karl (Kaiser wurde er erst im Jahre 800) förderte schon in den frühen Jahren seiner Herrschaft die Bildung und sorgte für ein breites »Netzwerk« an kirchlichen Leseschulen. Wie gebildet der kriegerische Karl selber war, darüber wird nur spekuliert. Es heißt, dass er Latein fließend beherrschte und Griechisch verstand, aber mit dem Lesen und vor allem dem Schreiben, was er vermutlich erst spät erlernte, Schwierigkeiten hatte. Oder mit den Worten Wilhelm Buschs:

»Carolus Magnus kroch ins Bett,
Weil er sehr gern geschlafen hätt'.
Jedoch vom Sachsenkriege her
Plagt ihn ein Rheumatismus sehr.
Die Nacht ist lang, das Bein tut weh;
Carolus übt das ABC.«*

* *Die Verse stammen aus der Bildergeschichte »Eginhard und Emma« von 1864.*

{42} Links: Eine Buchmalerei Karls des Großen mit Lilienzepter aus dem Rolandslied von Konrad dem Pfaffen aus dem 12. Jh.

{43} Rechts: Eine spätere Darstellung Karls des Großen mit seinen kaiserlichen Insignien aus dem Jahr 1493

Carolus magnus
34

FRATER
AMBRO
SIUS
tua munuscula
perferens detulit
et suauissimas lit
teras quae a princi
pio amicitiarum fi
dem probatae iam
fidei et ueteris ami
citiae praeferebant
uera enim illa ne
cessitudo e[st] in xpi
glutino copulata
quam non utilitas
rei familiaris
non praesentia
tantum corporum
non subdola et pal
pans adulatio
sed dei timor et diui
narum scriptura
rum studia concili
ant. Legimus in ue
terib[us] hystoriis quosdam lustras
se prouintias. nouos adisse popu
los. maria transisse. ut eos quos
ex libris nouerant coram quoq[ue]
uiderent. sic pytagoras memphi
ticos uates. sic plato aegyptum
et arcitam tarantinum eademq[ue]
horam italiae quae quondam magna
gratia dicebatur laboriosissime
peragrauit. ut qui athenis magist[er]
erat et potens cuiusq[ue] doctrinis
achademiae gymnasia personabant
fieret peregrinus atq[ue] discipulus.
mallens aliena uerecunde disce
re quam sua inpudenter ingerere.
Deniq[ue] cum litteras quasi toto fu
giens orbe persequitur captus
a piratis et uenundatus etiam
tyranno crudelissimo paruit
captiuus uinctus et seruus.
Tamen quia phylosophus maiore
mente se fuit ad titum liuium lac
teo eloquentiae fonte manante
de ultimis hispaniae galliarumq[ue] fi
nib[us] quosdam uenisse nobiles le
gimus. et quos ad contemplati
onem sui roma non traxerat.
unius hominis fama perduxit.
Habuit illa aetas inauditum om
nib[us] saeculis caelebrandumque
miraculum. ut urbem tantam
ingressi. aliud extra urbem quae
rerent. Apollonius siue ille magus
ut uulgus loquitur siue phylosophus
ut pythagorici tradunt intrauit
persas. pertransiuit caucasum.
albanos. scythas. massagetas.
opulentissima indiae regna pene
trauit. et ad extremum latissimo
physon amne transmisso. perue
nit ad bragmanas. ut hiarcam in
throno sedentem aureo. et de
tantali fonte potantem inter
paucos discipulos de natura
de morib[us] ac dierum siderum
cursus audiret docentem.
Inde per elamitas babylonios
chaldaeos medos assyrios par
thos syros phoenices arabes
palestinos. Reuersus alexan
driam perrexit aethiopiam
ut gymnosophystas et famosis
simam solis mensam uideret
in sabulo. Inuenit ille uir ubiq[ue]
quod disceret et semper profi
ciens semper se melior fieret.
Scripsit super hoc plenissime
octo uoluminib[us] phylostratus.
Quid loquar de saeculi hominib[us]

Iste liber spectat ad bibliotecam maioris ecclesie Ambros...

{44}
Links: Die Alkuin-Bibel, geschrieben in der karolingischen Minuskel von mindestens vier Schreibern aus dem Kloster bei Tours, mit Schmuckinitiale und römischer Kapitale als Auszeichnungsschrift

{45}
Rechts: Karls Signatur von einem Diplom aus dem Jahr 781 (persönlich fügte er nur die letzten Striche hinzu)

Grundsätzlich gilt Karl der Große als gebildeter Herrscher, der sich mit Gelehrten aus ganz Europa umgab und die antike Gelehrsamkeit bewunderte. Nichtsdestotrotz war er ein Krieger, der sein Reich durch das Schwert ausdehnte. Er verleibte sich den größten Teil Westeuropas ein. Der Aachener Hof galt während seiner Regentschaft als geistiges Zentrum des Fränkischen Reiches und darüber hinaus. Teil seines Förderprogramms waren die Wissenschaft, die Kunst und die Bildung sowie das Problem der Schriftlichkeit. Für eine effektive Verwaltung und den Zusammenhalt eines derart großen Reiches ist eine vereinheitlichte Schrift von Vorteil, wenn nicht sogar unerlässlich. Zusammen mit seinem Berater und tatkräftigen Unterstützer Alkuin von York*, einem englischen Gelehrten, schuf er ein Bildungsprogramm (oder gab es zumindest in Auftrag), das weitreichende Folgen hatte. Alkuin war während Karls Herrschaft der Leiter der kaiserlichen Hofschule zu Aachen und später Abt von St. Martin bei Tours. Als Ratgeber war er maßgeblich an den Veränderungen beteiligt, welche die religiösen Lehren und Sitten, die Volkssprache sowie das Lateinische als Gelehrtensprache und die Schriftlichkeit betrafen.

Während Experten früher davon ausgingen, dass die karolingische Minuskel als Schrift in Auftrag gegeben wurde, vertritt man heute die Meinung, dass sie sich auf Grundlage bereits existierender Schriftenentwürfe und -tendenzen an unterschiedlichen Orten entwickelte. (Ihre Formen bauen auf der Halbunziale auf.) Wie dem auch sei, die Carolina war ein Erfolgsmodell, das weit über die Grenzen Frankreichs hinaus bis nach Oberitalien, England und Spanien bekannt wurde. Sie war, wie ihr Name schon vermuten lässt, eine Kleinbuchstabenschrift – wie die meisten anderen regionalen Schriften. Sie zeichnete sich durch eine bis dato noch nicht erreichte Lesbarkeit aus, die auf die regelmäßigen Formen, die deutlichen Trennungen von Buchstaben und den Gebrauch von Ober- und Unterlängen zurückzuführen ist. Sie verließ endgültig das Zweilinienschema und bestach durch ein solides, rhythmisches Schriftbild. Vom 9. Jahrhundert an hatte sie (wie immer mit einigen Modifizierungen) Bestand bis ins 12. Jahrhundert.

Eine großartige, ebenfalls die Lesbarkeit fördernde Neuerung war die endgültige Trennung von Worten. Diese Änderung könnte verknüpft sein mit der Tatsache, dass Latein nicht die Muttersprache der meisten europäischen Völker und sie als fremde Schriftsprache mit Worttrennungen leichter zu erlernen war. Man las nun endgültig in Wortbildern und nicht länger in Einzelbuchstaben. Erste Ansätze zur Worttrennung gab es schon in der römischen Antike: erst durch variierende Zwischenräume und später durch (mittig gesetzte) Punkte zwischen Ende und Anfang eines Wortes. Satzzeichen wurden ebenfalls verwendet, leider jedoch nicht unbedingt einheitlich (wobei gesagt werden muss, dass auch hier die Römer ein eigenes, mäßig erfolgreiches System hatten). Alkuin selbst soll ein Befürworter des konsequenten Gebrauchs von Satzzeichen gewesen sein. Die Carolina war Buch-, Geschäfts- und Gebrauchsschrift in einem. Für textliche Auszeichnungen waren die römische Kapitale und Unziale weiterhin in Mode.

*
Alkuin von York (mit dem späteren Beinamen Flaccus) wurde um das Jahr 735 bei York geboren und starb wahrscheinlich 804 in Tours.

{46} Die Sternzeichen Schütze und Jungfrau sind Buchmalereien aus einer astrologischen Handschrift, die im ersten Halbjahr des 9. Jh. in Fulda entstand. Sie stammen aus demselben Codex wie die Carolina des ersten Textabschnitts links.

Vielleicht werden Sie sich jetzt fragen, warum die Carolina in den unterschiedlichen Anwendungsgebieten gleichermaßen verwendet wurde. Nun die Antwort ist sehr einfach: Schnell zu schreibende Alltagsschriften werden nur dann benötigt, wenn im Alltag geschrieben wird, was in jener Epoche zum Großteil nicht der Fall war. Das führt uns zu den Schriftkundigen des Mittelalters. Wie schon beschrieben wurden die meisten Mönche in der Kunst des Lesens unterrichtet. Einige unter ihnen erlernten zusätzlich das Schreiben, wurden daher *scriptores* genannt. In der Schreibstube, dem Skriptorium, fertigten sie Tag um Tag Abschriften von Texten an, die teilweise kunstvoll verziert wurden. Die Buchmalerei war über Jahrhunderte eine hoch geschätzte Kunst und in den Skriptorien früherer Zeiten entstanden beeindruckende Prachthandschriften. Die Schreiber selber hatten keine leichte Arbeit. Nicht nur das lange Sitzen auf unbequemen Bänken war anstrengend, sie waren zusätzlich angehalten, Hand und Arm nicht auf dem Pergament aufliegen zu lassen, sodass weder Schmutz noch Abnutzung entstehen konnten. Lediglich der kleine Finger durfte die Hand abstützen. Ich glaube, man kann sich vorstellen, was für Qualen diese Körperhaltung über längere Zeit verursacht haben muss. Trotzdem oder gerade deswegen war das Schreiben als gottgefällige

mittatur · hinc ostendit in uteris non occulta · nouasque
desuper germine infestas · hic ex duplici forma corpo
ris uisibiles mebra., CAPRICORNIUS.
Monstruosum sidus capricornius nuncupatur benesorti
tur nomine hoc inter mortalib; anteriora quippe capre
aspicitur forma · cauda posterior in maribus piscis·
quaedam uero in terris ponitur uirenab; · quaedā autē

risti · R · Uis dimittere il
dno dic · Si non remis ho
ur celesti dimitte & uo
diligent · sic · Incestuosu
mittere · N potest · erdar
Incesta dimittere · fac

{47} Die karolingische Minuskel im Laufe der Jahrhunderte

9. Jh.

Arbeit hoch angesehen und brachte den Schreiber dem Himmel ein Stück näher. Daher wurden die Schreibermönche teilweise von anderen Arbeiten und sogar von der einen oder anderen Gebetsstunde befreit. Ihre durchschnittliche Schreibleistung betrug zwei bis drei Blätter am Tag.

Kaiser Karl widmete sich mit Hingabe (und natürlich mithilfe seiner schreibkundigen Untertanen in den bedeutenden Klöstern) der Aufgabe des Übersetzens und Kopierens philosophischer, künstlerischer und wissenschaftlicher Schriften der Antike. Über zu wenig Arbeit konnte sich daher wohl keiner beschweren, die Schreibschulen standen sogar um die besten Leistungen in Konkurrenz zueinander. Es ging jedoch nicht nur um das schlichte Kopieren der Texte, die Abschriften wurden regelrecht »gesäubert«. Gerade weil die einzige Möglichkeit zur Vervielfältigung von schriftlichen Dokumenten das Abschreiben war, hatten sich im Laufe der Zeit durch fehlende Fremdsprachkenntnisse oder schlichtweg Schlamperei der Schreiber Fehler und Lücken eingeschlichen. Diese Textstellen mussten gefunden und ausgebessert werden, um nicht alte Fehler zu wiederholen. Karls Nachfolger Ludwig I.* und Karl II.*, auch genannt Ludwig der Fromme und Karl der Kahle, waren ebenfalls Förderer der Schreibkunst.

* *Ludwig I. war Sohn und Nachfolger Karls des Großen und bis 840 Kaiser, wobei er durch Auseinandersetzungen mit seinen Söhnen zweimal vorübergehend abgesetzt wurde.*

* *Karl II. war der jüngste Sohn Ludwigs aus zweiter Ehe. Mit seinen zwei überlebenden Brüdern teilte er 843 das Reich auf und war bis 877 westfränkischer König.*

10. Jh.

11. Jh.

CONGREGARE TEMPTAUERIT · XXX · II ·

Siquis prbr contempnens epm suum seorsum conuentum collige rit · et altare aliud erexerit · nihil habens quod reprehendat epm in causa pietatis et iusticię deponatur · quasi principatus exis tens amator · est enim tyrannus · et ceteri clerici quicumq; tali con sentiunt · laiciuo segregentur · hec autem post unam et secundam et tertiam epi commendationem fieri conuenit ·

DE PRBRO QUOD CLERICI DA NATI N DEBEANT AB ALIIS RECIPI · XXX · III ·

Siq prbr aut diac ab epo suo segregetur · hunc non licere ab alio recipi · sed ab ipso qui eum sequestrauerat · nisi forsitan obierit eps ipse qui eum segregasse cognoscitur ·

UT NULLUS EPS PRBR AUT DIAC SINE COMENDATICIIS SUSCIPIATUR EPISTOLIS · XXX · IIII ·

Ut nullus eporum peregrinorum aut prbrorum aut diaconorum sine comendaticiis suscipiatur eplis · et cum scripta detulerint discutiantur attentius · et ita suscipiantur · si predicatores pie tatis extiterint · minimus ne quę sunt necessaria subministretur eis · et ad comunionem nullatenus admittantur · quia per subrepti onem multa proueniunt ·

DE PRIMATU EPORUM · XXX · V ·

Epos gentium singularum scire conuenit quis inter eos primus ha beatur · quem uelut capud existiment · et nihil amplius preter eius conscientia gerant · quam illa sola singuli quę parochi

Marginal glosses: id est secessu — segregatione sociorum suorum fecerit · — Malus · superbus · seruus indebito aliquid usurpans · — obsecratione et ammonitione · — separauerat · — diligentius — uel per fraudolentiam surrepentes (?) … gent ·

»Was ist ein Buchstabe? – Ein Wächter der Geschichte.«

Alcuinus Flaccus

Die Ausformung der Minuskeln war mit der Carolina weitestgehend abgeschlossen. Gemeinsam mit den Buchstaben der Kapitalschriften war die Basis – oder besser gesagt das Skelett – für alle weiteren Schriften gegeben. Trotz der stetigen Veränderungen der folgenden Jahrhunderte, egal, ob individuell oder national bedingt, hatten die Grundformen aus Groß- und Kleinbuchstaben Bestand.

{48} Diese Buchhandschrift aus dem späten 9. oder frühen 10. Jh. weist zahlreiche Randnotizen auf.

In diesem Abschnitt der Geschichte wird die große Bedeutung von Schrift als Werkzeug für Bildung, Macht und Einfluss sehr deutlich. Karl der Große und sein Berater Abt Alkuin von York wussten um dieses Werkzeug und machten es sich zunutze, um das Fränkische Reich zu festigen. Die karolingische Minuskel gilt als die große Schriftenwicklung des abendländischen Mittelalters. Allerdings ist natürlich augenfällig, dass in dieser Zeit die großen Fortschritte in der Entwicklung der Schrift am Buch stattfanden, da die Bevölkerung größtenteils nicht des Lesens und Schreibens mächtig war. Alltagsschriften waren nicht mehr von wesentlicher Bedeutung. Was nach wie vor im Mittelalter zum Einsatz kam, war die (bereits aus der Antike bekannte) Wachstafel. Sie war die kostengünstige Alternative zum Pergament, wenn ein Schriftkundiger sich etwas notieren wollte.

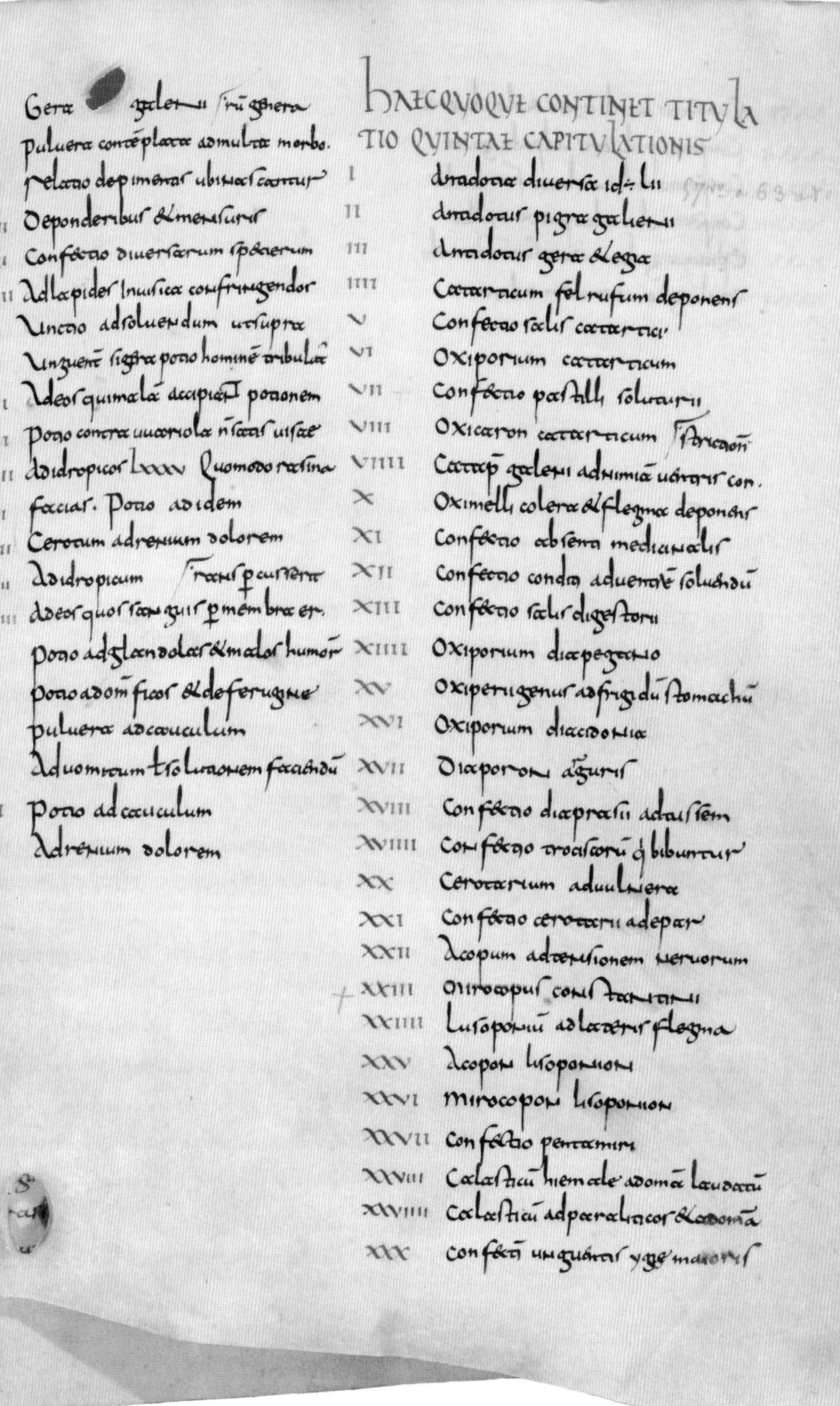

{49} Ende des 8. Jh. entstand das Lorscher Arzneibuch, das älteste medizinische Nachschlagewerk des abendländischen Mittelalters. Es versammelt auf 150 Seiten medizinische Schriften und Arzneimittelrezepte in lateinischer Sprache. In der südhessischen Benediktinerabtei Lorsch wurde es fein säuberlich in der karolingischen Minuskel verfasst.

Gänsekiel & Truthahnfeder

Die gefiederten Schreibgeräte

{50} Zwei noch unbearbeitete Federn von Gans und Truthahn

Neben der Rohrfeder, mit der die meisten römischen Schriften geschrieben wurden, wurde der Federkiel als weiteres Schreibgerät sehr populär – und das weit über das Mittelalter hinaus. Durch ihre natürliche, leicht geschwungene Form lag die

»Einfach bin ich,
und von nirgendwo wird mir Weisheit zuteil;
aber mit einem Schritt, den jeder kluge Mensch nachtut,
erreiche ich jeden Punkt der Erde und laufe den
himmlischen Horizont der Formen entlang.
Ganz weiß bin ich, eine schwarze Spur aber lasse ich zurück.
Wer bin ich?«

Antwort: Der Federkiel / Rätsel für Schüler aus dem 8. Jh. n. Chr.

Vogelfeder gut in der Hand, ohne sich zu drehen. Aus Hornsubstanz bestehend, war sie biegsam und reagierte ausgezeichnet auf ausgeübten Druck. Zuverlässig und geschmeidig passte sich der Kiel dem Schreibfluss an, ohne das Pergament zu beschädigen. Je nach Druck, Zuschnitt und Position der Federspitze auf dem Pergament konnten kräftige oder schmale Linien erzeugt werden. Die volle Breite der Spitze brachte die dicken Schattenstriche hervor, während mit der quer geführten Feder feine Haarlinien geschrieben wurden.

Als Schreibinstrument fand nicht nur die klassische Gänsefeder Verwendung. Für fein ausgeführte Schriften waren die kleineren Rabenfedern prädestiniert. Ansonsten gab es noch die größeren Pfauen-, Schwanen-, Straußen- und Truthahnfedern. Doch egal, welche Vogelart ihre (Schwung-)Federn gelassen hat, bevor sie zum Schreiben genutzt werden konnten, mussten sie gehärtet werden, zum Beispiel durch eine monatelange Trocknungsphase. Erst danach konnte die einzelne Feder von ihrer dünnen Haut und dem Mark im Schaft befreit werden.

Unabdingbar für den Gebrauch von Federkielen war ein kleines, sehr scharfes Messer. Damit wurde die Fahne der Feder ganz oder teilweise entfernt und die Spitze zugeschnitten (was wiederum eine ganz eigene Kunst war). Leider war das Nachschneiden der Spitze ständig vonnöten, denn der entscheidende Nachteil aller Vogelfedern war die starke Abnutzung beim Schreiben. Um die empfindlichen Federspitzen zu schützen, wurden die Kiele meistens in Kästchen oder Etuis aufbewahrt. Die Feder als Schreibgerät war auch im 19. Jahrhundert noch aktuell und der Verbrauch horrend. Etwa 50 Millionen Federkiele sollen in Deutschland pro Jahr verbraucht worden sein. Dafür benötigte man vier bis fünf Millionen Gänse, denn von einem einzelnen Tier konnten nur zehn bis zwölf gute Federkiele gewonnen werden.

III. # Eine aufstrebende Epoche

Gotik: Mitte 12. Jh. – 15. Jh.

Mitte des 12. Jahrhunderts kam wieder Bewegung in die Kunst und Architektur des Mittelalters. In Nordfrankreich, dem Anglonormannischen Reich zu der Zeit, entstand der gotische Stil, der sich von dort aus über große Teile Europas (im Süden nur eingeschränkt) verbreitete. Bekannt für ihre Spitzbögen und das Streben in die Höhe, das sich vor allem in der Baukunst spiegelte, wirkte sich die Gotik* auch auf die Schriftformen aus. Die Buchstaben der Carolina wurden abgewandelt – sie bekamen Brechungen. Das gesamte Schriftbild wurde kantiger, steiler und rückte näher zusammen, die Schriften wurden regelrecht platzsparend. Grundsätzlich wurden vermehrt Abkürzungen, Ligaturen und Bogenverbindungen* ins Repertoire aufgenommen. Es war eine Epoche, in welcher der Schreiber mehr persönliche Freiheiten in seine Schrift einfließen ließ, die jedoch der Lesbarkeit nicht zwingend zuträglich waren (trotz Einführung des i-Punkts). Die Mittelzone der Buchstaben streckte und verschmälerte sich, die Bögen, Ansätze und Endstriche wurden mit steiler Federhaltung eckiger geschrieben. Bereits zum Ende des Jahrhunderts hatte sich ein gebrochener Schriftcharakter* herauskristallisiert. In Gebieten wie der Nordwestschweiz hatte sich dieser Schreibstil der neuen Minuskelschrift im ersten Drittel des neuen Jahrhunderts schon vollständig etabliert. Genannt wurde sie – wenig überraschend – gotische Minuskel und war hauptsächlich, aber nicht ausschließlich eine Buchschrift.

* *Der Begriff »Gotik« wurde in der Renaissance geprägt und war abwertend gemeint im Sinne von barbarisch, bezog er sich doch auf den kriegerischen Germanenstamm der Goten.*

* *Eine Form von Ligaturen, bei der die Bögen unterschiedlicher Buchstaben ineinandergeschrieben werden und dadurch verschmelzen.*

Im weiteren Verlauf wurden die noch vorhandenen Rundungen unverdrossen weiter gebrochen. Es entstand die gotische Textura, die im 14. und 15. Jahrhundert bedeutend für die Schriftkunst wurde. Ihren Namen verdankte sie ihrem gitterförmigen Schriftbild, wurde aber zusätzlich unter Missalschrift* bekannt, weil sie gerne in christlichen Texten Verwendung fand. Die Mehrheit der westeuropäischen Klöster nutzte sie als hauptsächliche Buchschrift. Johannes Gutenberg griff ebenfalls auf diese Schrift zurück, aber dazu später mehr.

{51} *Links: Federzeichnung des Evangelisten Markus (mit Löwe) beim Schreiben, aus den 1390er-Jahren*

{52} *Rechts: Federzeichnung des Evangelisten Matheus beim Schreiben, aus dem 10. Jh.*

Wie bei den meisten Trends gab es eine gegenläufige Entwicklung, in diesem Fall in Italien. Hier konnte die Textura sich nicht durchsetzen, es entstand stattdessen zeitgleich eine rundgotische Schrift: die Rotunda. Wie alle anderen gotischen Schriften zeichnete sie sich durch einen hohen Strichstärkenkontrast mit fetten Schatten- und feinen Haarstrichen und kurze Ober- und Unterlängen aus. Ihre gesamte Erscheinung war breiter und runder als die Textura.

Es wurde neben der gotischen Minuskel noch eine weitere gebrochene Schriftart unterschieden, die gotische Kursive, die vornehmlich als Urkunden- und Geschäftsschrift zum Einsatz kam. Ich sage vornehmlich, denn sie ist durchaus auch als Buchschrift zu finden und wird dann oft als Buchkursive bezeichnet. Als Alltagsschrift war sie bewegter und unkomplizierter als ihre Minuskel-Schwester: ungleichmäßiger, flüchtiger und lockerer im Schriftbild. Besonders die Oberlängen zeigten einen Hang zur Schlaufenbildung. Zeitgenössisch auch *Notula* genannt, bildeten sich zahlreiche lokale Abwandlungen sowie individuelle Schreibweisen. Als Hauptmerkmal und verbindendes Element galten die vereinfachten Buchstabenformen und deren hohe Verbundenheit, die bisher in diesem Ausmaß kaum angewendet wurde. Das Schnellschreiben führte zu einem inkonsequenteren Gebrauch der Brechungen als beispielsweise bei der Textura. Die gut ausgebildeten Ober- und Unterlängen kontrastierten zu den eher niedrigen Mittellängen. Was diesen Punkt angeht, ignorierten die gotischen Handschriften ihre

* *Von einer Brechung in der Schrift spricht man, wenn Buchstabenbögen nicht gleichmäßig gerundet, sondern mit einer oder mehreren sichtbaren Kanten versehen werden.*

* *Missale sind kirchliche Messbücher.*

eigene Epoche weitestgehend und betonten die Senkrechte nicht (wie für ihre Zeit typisch). Der zügige Schriftfluss trieb die Formen voran, ließ sie breiter werden und sich in die Bewegungsrichtung neigen, während die Schäfte einzelner Buchstaben – zum Beispiel vom »d« – in die Gegenrichtung gezogen wurden. Dies erzeugte ein sehr eigenwilliges Schriftbild mit wechselnder Dynamik von Bewegung und Gegenbewegung.

Das Spätmittelalter brachte als weitere gotische Schrift noch die Bastarda hervor, die sich einer großen Beliebtheit erfreute. Eine Bastarda war eine Mischform, die formal gesehen zwischen der Textura als Buchschrift und der Kursiven als überwiegende Alltagsschrift stand. Ihren Ursprung nahm sie wohl ebenfalls in Frankreich, eroberte von dort aus den gesamten deutschsprachigen Raum sowie England, Norditalien, Polen und die Niederlande. Da die Textura die lateinischen Texte abdeckte, wurden die Bastarden die Schriften der volkssprachlichen Literatur, wiederum mit mannigfaltigen Formvariationen. Sie übten später während des Buchdruckzeitalters großen Einfluss auf viele gedruckte Schrifttypen aus.

Wie immer lohnt sich ein Blick auf die Gesellschaft, um die Schriftentwicklungen in einem Kontext zu sehen. Die Zeit der Karolinger war schon eine Weile vorbei, aus Teilen ihres ehemaligen Reiches bildete sich mit der Zeit das Heilige Römische Reich (Deutscher Nation). Mitte des 12. Jahrhunderts war Friedrich I. Kaiser, besser bekannt als Barbarossa. Aus dieser Zeit stammt vermutlich auch das schöne Sprichwort *rex illiteratus est quasi asinus coronatus* – »Ein ungebildeter König ist wie ein gekrönter Esel«. Noch hatte sich das Lesen und Schreiben als Basisfähigkeit bei den Herrschern nicht durchgesetzt, in der Gesellschaft machte sich hingegen (zumindest

{53} Französischer Text in gotischer Kursive aus dem 15. Jh.

{54} Zeichnungen mittelalterlicher Spitzbögen (Maßwerk), entstanden im 16. Jh.

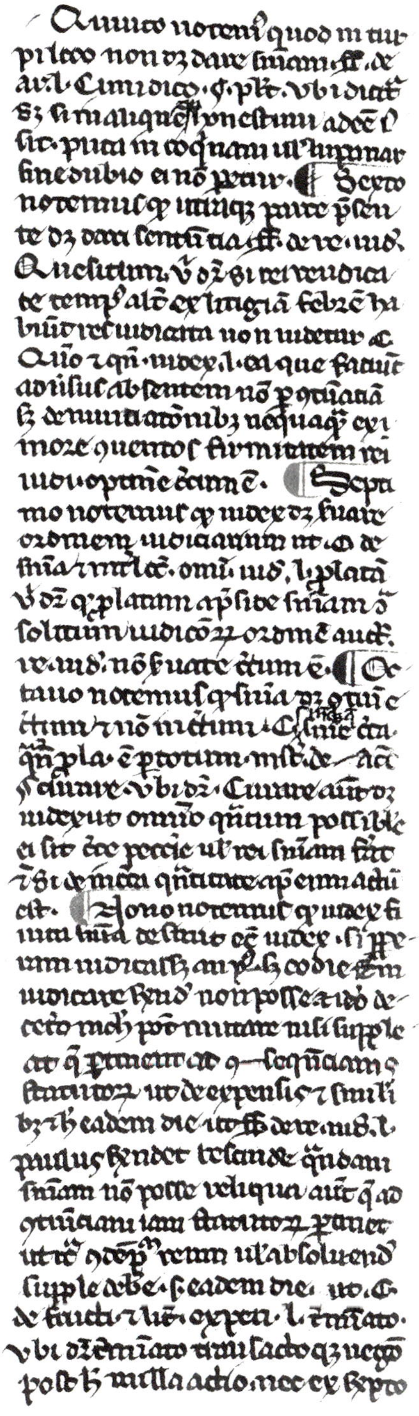

{55} Gotische Minuskel aus der ersten Hälfte des 14. Jh.

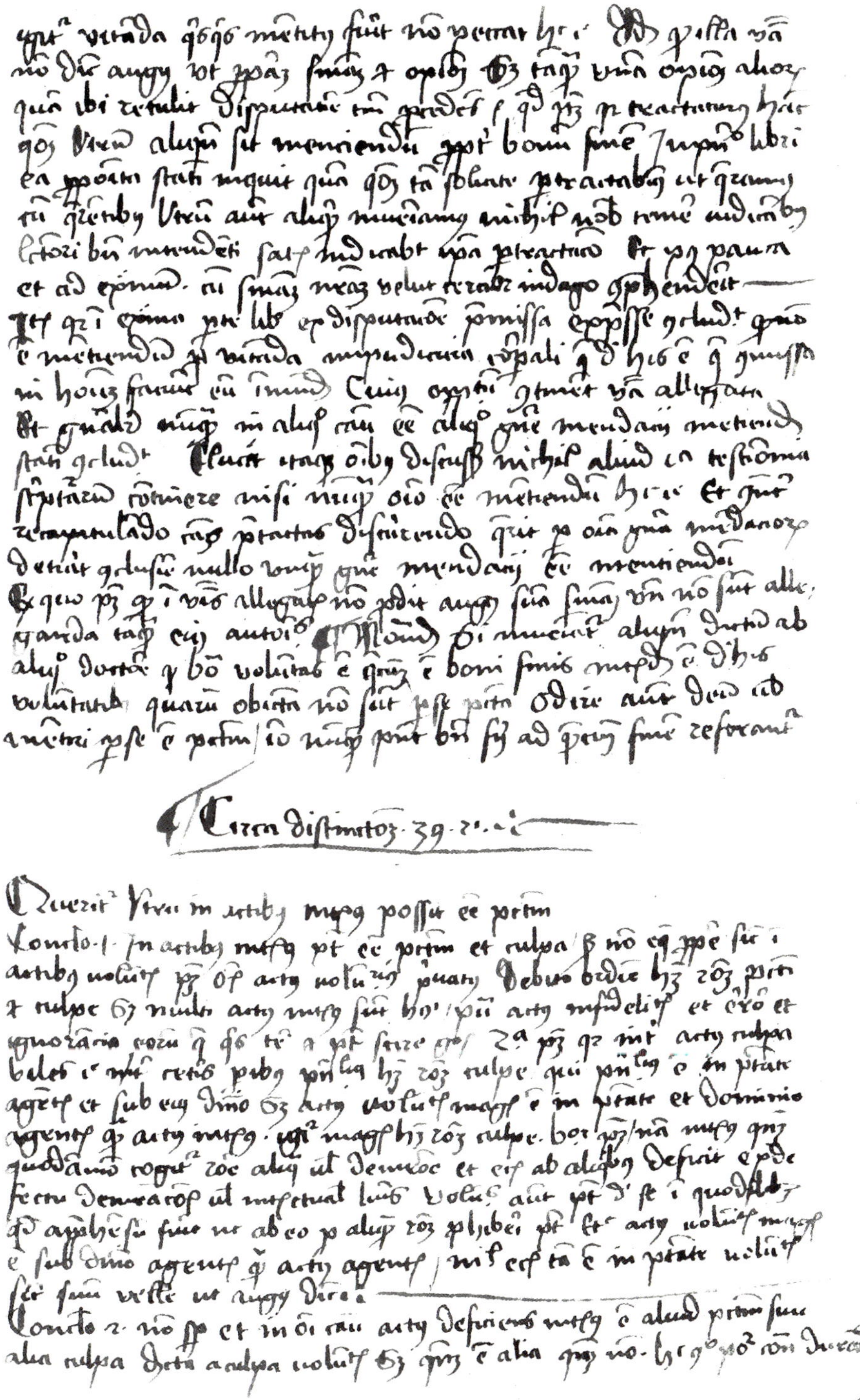

{56} Handschrift aus Köln in kursiver Bastarda aus dem 15. Jh.

{57} Verhältnismäßig schlichte Urkunde aus dem Jahr 1397 von Leopold von Österreich; aufgrund des Jahres ist zu vermuten, dass es sich um Leopold IV. handelt.

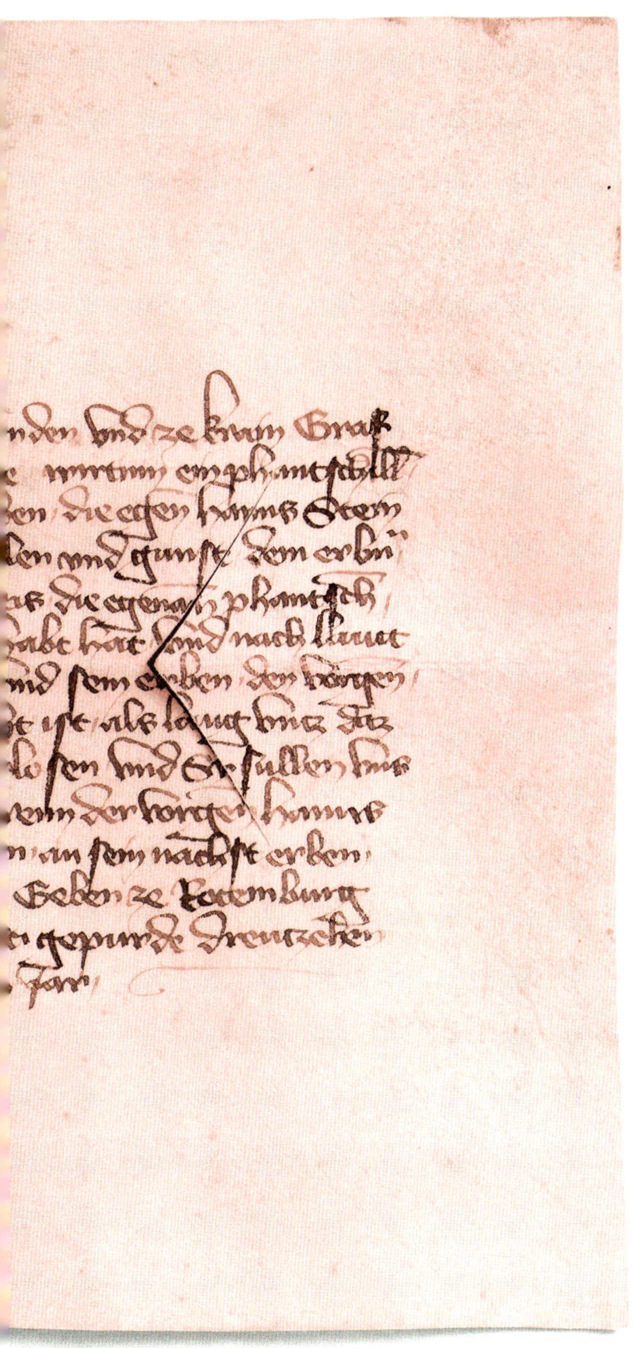

in einigen Schichten) ein Wandel bemerkbar. Die mittelalterlichen Städte begannen zu wachsen, es bildete sich eine teilweise wohlhabende Mittelschicht aus Kaufleuten, Handwerkern und Gelehrten. Die Fähigkeit des Schreibens wurde gesellschaftlich gesehen immer bedeutender. Ein Kaufmann ohne Schriftkenntnisse und Schreibstube konnte sein Geschäft gleich wieder schließen. Der Bedarf an volkssprachlicher Literatur wuchs und diese wurde nicht in den klösterlichen Skriptorien hergestellt, sondern in gewerblichen Schreibwerkstätten. Die Städte benötigten zur eigenen Verwaltung sogenannte Stadtschreiber, die in zunehmendem Maße nicht mehr aus den kirchlichen Reihen, sondern aus dem Bürgertum kamen. Diese Entwicklungen förderten das Bedürfnis nach einer Gebrauchsschrift. In gleichem Maße begünstigte das Papier als neuer Beschreibstoff den Bildungsaufschwung. Papier war wesentlich erschwinglicher als Pergament. Durch die Ausbreitung des Islams im Mittelalter gelangte es ins maurisch geprägte Spanien, von dort aus kam es über Italien und Frankreich nach Deutschland. Der erste Papierhersteller eröffnete 1390 in Nürnberg seine Mühle. Die ursprünglichen Papiererfinder waren die Chinesen bereits einige Hundert Jahre zuvor. Das Papier (heute ohne Lumpen als Hauptbestandteil) ist bekanntlich bis zum heutigen Tag ein Erfolgsmodell.

Im Ganzen betrachtet, war vor allem das Spätmittelalter eine bewegte Zeit in der Schriftenwicklung. Wie viele Stilepochen der Kunst und Architektur schlug sich die damalige Gotik auf die Schriften nieder, die sich mal mehr, mal weniger gebrochen präsentierten. Die Kirche verlor langsam ihre Vormachtstellung und den exklusiven Anspruch auf die Schreibfähigkeit. Zu ihr gesellten sich Gelehrte und Studenten an Universitäten, Schreiber in fürstlichen Kanzleien oder Städten sowie jede Menge »Laien«, die Lesen und Schreiben konnten. Die Anzahl volkssprachlicher Texte und die damit einhergehenden schriftstellerischen Tätigkeiten wuchsen rasch. So neigte sich das Mittelalter dem Ende und weitere Veränderungen zeichneten sich bereits ab.

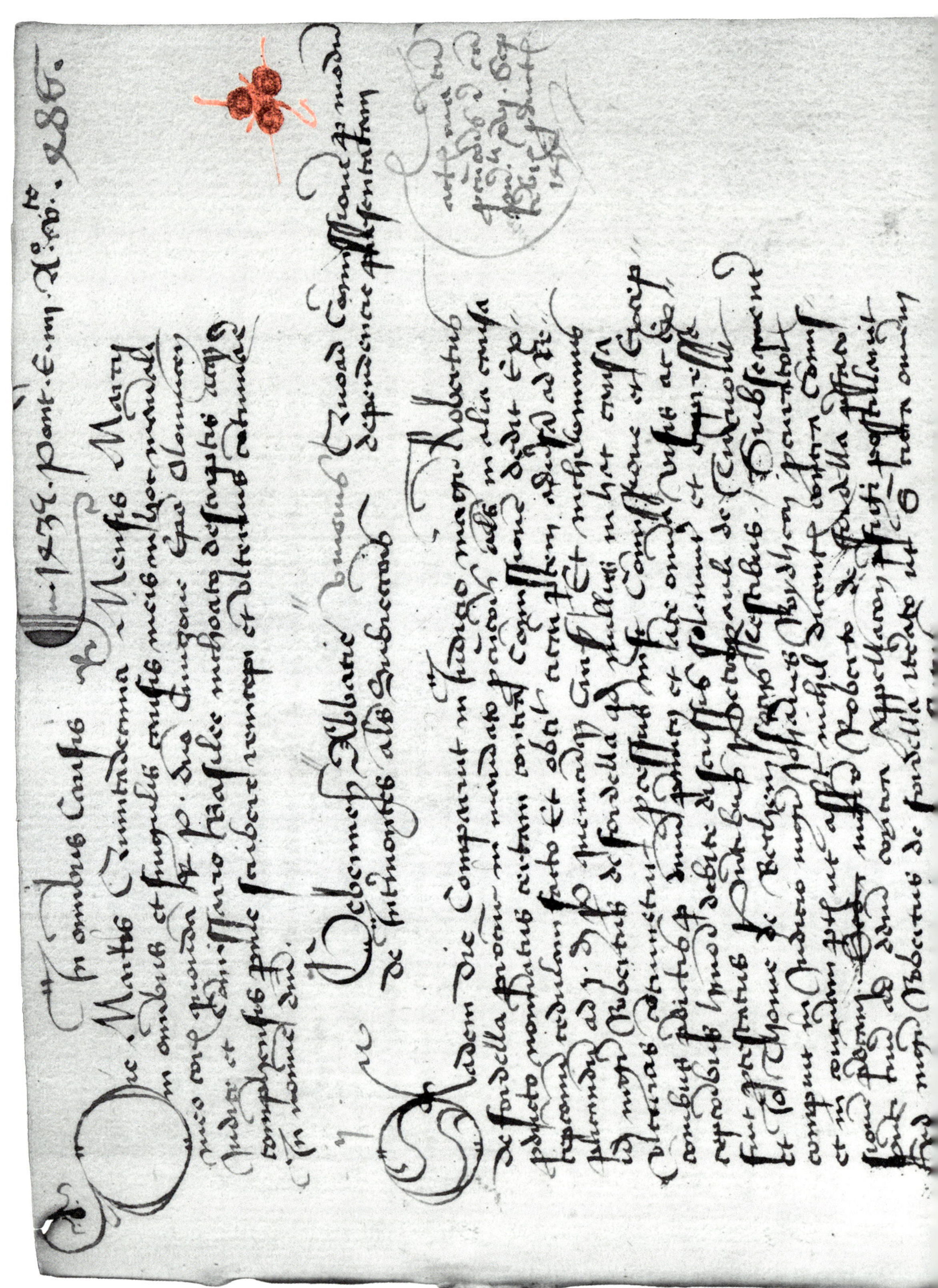

{58} *Mitschrift von gerichtlichen Prozessen des Baseler Konzils in der kursiven Handschrift von Johannes Wydenroyd aus den Jahren 1435–1439; die Seite stammt aus einem der Protokollbücher.*

Tinte, Gefäße & Fraß

Über die Entstehung der Schreibflüssigkeit

Bereits die alten – auf Papyrus schreibenden – Ägypter vor rund 3000 Jahren (und auch die Chinesen) kannten eine Form von Tinte. Sie wurde in Schwarz und Rot hergestellt, entweder aus Ruß oder aus eisenoxidhaltigen Erden und *Gummi arabicum*, einem Bindemittel aus dem Baumharz spezieller Bäume. Sie war lichtecht, aber für Pergament kaum geeignet, weil sie darauf schlecht haftete. Zur Aufbewahrung der Tinten wurden wahrscheinlich einfache, schmucklose Behälter genutzt.

Im Mittelmeerraum wird bis heute der dunkelbraune Farbstoff aus der Tintenblase des Tintenfisches – lateinisch *sepia* – extrahiert und in pulverisierter Form für die Sepia-Tinten verwendet. Sie wurden bereits von den Römern genutzt, genau wie Tintenfässer aus Knochen, Bronze und Ton.

Die Griechen und Römer suchten nach weiteren Alternativen, die sie in der Eisen-Gallus-Tinte fanden. Diese Tinte existiert bis in die heutige Zeit. Hauptbestandteil waren pulverisierte Galläpfel (das sind von Insekten erzeugte Wucherungen an jungen Eichentrieben), hinzu kamen Eisen- oder Kupfersalze, *Gummi arabicum* und ein Lösungsmittel, zum Beispiel Essig oder Wein. Charakteristisch für diese Tinte war, dass sie sich erst tiefschwarz färbte, nachdem sie beim

Trocknen oxidiert war. Sie war die bevorzugte Schreibflüssigkeit der Antike und des Mittelalters. Nachteilig waren ihre Neigung zum Ausbleichen und noch viel schlimmer: der Hang zum Tintenfraß. Letzteres wurde wahrscheinlich von einem zu hohen Säuregehalt ausgelöst und führte zur teilweisen Zerstörung des Beschreibstoffes.

Neben der Eisen-Gallus-Tinte war bereits im Frühmittelalter die Dornentinte bekannt, bei der vereinfacht gesagt aus dornigen Zweigen ein Pulver hergestellt wurde, das mit Wein zu einer bräunlichen Tinte angerührt werden konnte. Die Schreibermönche stellten ihre Tinten meistens selber her und füllten sie in Rinderhörner ab, die sie am Schreibpult befestigen konnten.

Eine Vielzahl unterschiedlicher Rezepturen für alle möglichen farbigen Tinten wurde im Mittelalter ausgetüftelt. Beigemischt wurde alles nur Erdenkliche an pflanzlichen, tierischen und mineralischen Zutaten. Das Tintenfass als solches gewann im Spätmittelalter stärker an Bedeutung – vor allem als Statussymbol reicher Kaufleute und Handwerker. Einige Gefäße wurden mit der Zeit immer prunkvoller und ausgefallener – natürlich immer in Kombination mit einem Sandstreuer oder später der Löschwippe zum Trocknen der Tinte.

Schließlich zogen der Füller mit Tintenpatrone und der Kugelschreiber in der Neuzeit einen Schlussstrich unter diese Entwicklung. Die moderne Chemie führte außerdem dazu, dass uns heute eine große Bandbreite an Tinten in den unterschiedlichsten Farben zur Verfügung steht.

{59} Unterschiedliche Tintengefäße aus Ton, Bronze, Silber, Glas und Plastik von 100 v. Chr. bis heute

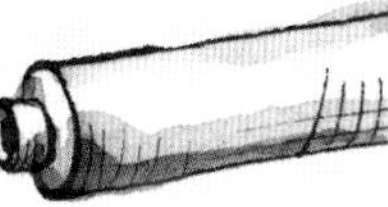

IV. Die Schriften der Humanisten

Renaissance: 15. Jh. – 16. Jh.

{60} Der schreibende Apostel und Evangelist Johannes (mit seinem Symbol, dem Adler) ist ein klassisches Motiv der Renaissancezeit. Unter dem 1585 entstandenen Druck findet sich eine Beschriftung in Latein und darunter noch eine weitere in Französisch.

Das Mittelalter mit seiner »barbarischen« Gotik klang langsam in Europa aus, eine neue Epoche hielt ihren Einzug – und mit ihr neue Schriften. Die Renaissance (französisch für »Wiedergeburt«) war eine fruchtbare Episode der Schriftentwicklung mit Formen, die noch in der Gegenwart genutzt und gepflegt werden. Untrennbar mit der Renaissance verknüpft ist die Humanismus-Bewegung, ein Füllhorn an geistigen Strömungen, die sich um eine neue Bildung, altes Wissen und ein neues Menschenbild drehten. Ein zentraler Punkt ist die Rückbesinnung auf die Antike – die stark idealisiert wurde – in allen möglichen Bereichen, wie dem Staatsrecht, der Philosophie, der Malerei und der Architektur. Antike Schriften Platons, Aristoteles' oder Ciceros (um nur einige zu nennen) wurden entstaubt, studiert und gelehrt. Im Humanismus wuchs die Bedeutung von nationalem und persönlichem Bewusstsein zu neuen Größen heran. So wurde die eigene Sprache verstärkt gepflegt und der Mensch als Individuum rückte ins Zentrum der Aufmerksamkeit, nicht nur in der Kunst, sondern auch durch den Persönlichkeitsausdruck der eigenen Handschrift.

Wieder ist es Italien, wo alles seinen Anfang nahm. Bereits Mitte des 14. Jahrhunderts begann dort die Frührenaissance. Das ist wenig verwunderlich, war Italien doch auch die Wiege des Römischen Reiches. Zahllose Bauwerke und Ruinen bezeugten die vergangenen Zeiten, die Sprache förderte das Verständnis römischer Schriften. Erinnern Sie sich noch an das Oströmische Reich? Es hatte noch Bestand bis 1453! Erst mit der Eroberung Konstantinopels (des heutigen Istanbuls) durch die Osmanen endete diese Ära. Viele Menschen, vor allem byzantinische Gelehrte, flohen nach Italien und retteten dabei so viel antikes Wissen, wie ihnen möglich war. Das hatte wohl ebenfalls einen nicht unerheblichen Einfluss auf den Beginn der Renaissance.

Es war die Zeit der Entdeckungen und Bildungsreisen. An den italienischen Universitäten kamen Menschen ganz unterschiedlicher Nationen zusammen, sie tauschten sich aus, lernten und lehrten gemeinsam. Nicht wenige trugen neues Gedankengut mit in ihre Heimat, noch über die eigentliche Epoche hinaus. Deutschland wurde erst im 15. Jahrhundert von den humanistischen Gedanken erreicht. Einer der bekanntesten deutschen Renaissance-Künstler war Albrecht Dürer, der selber nach Italien reiste und sich dort inspirieren ließ. In seiner »Underweysung der Messung mit Zirckel und Richtscheyt« befasste er sich mit den Werken italienischer Schreibmeister.

Diese neue Epoche ging wiederum mit gesellschaftlichem Wandel einher, die kirchliche und feudale Ordnung trat allmählich in den Hintergrund.

Tandisque Jean dans L'isle de pathmos
est occupé a mediter la parole de Dieu et
a L'enseigner, il lui fait voir plusieurs
signes mysterieux : heureux celui qui
jour et nuit pense a la parole de Dieu
et ne L'oublie jamais ! . .

{61} Links: Eine Seite aus dem Lehrgedicht »De rerum natura«, geschrieben in der humanistischen Kursive von Antonius Septimuleius Campanus (in Rom im Gefängnis)

{62} Rechts: Ein Druck mit zwölf mythologischen Szenen von 1602; er gehört zu einer ganzen Reihe von Drucken (»Speculum Romanae Magnificentiae« – »Spiegel römischer Pracht«), die gesammelt werden konnten und sich thematisch um das antike oder zeitgenössische Rom drehten.

Antonij lafreri nepos formis
Ioannes Orlandi formis romae 1602

christianam disciplinam professo ud solum literarum
genus preponendum: quod christi sectatores prima-
-rij spiritu sancto instigati conscripsere. Aliter
cedat omnis lex. Sola nobis uiuant & uigeant
Apostolorum uolumina que fidem ordinant dicente
ad Galatas Paulo. Nos in christo Iesu credimus ut
iustificemur ex fide christi & non ex operibus legis.
Et rursus Ego enim per legem legi mortuus sum.
Quid ergo: an non credis me tandem post innumeras
R. P. curas & istius erumnose terre sollicitudines
ipsa hec acrius pensitare posse quam solent quandoque
qui religionibus presunt. Mihi etiam in secundis
seponitur Imperatoria Lex. tametsi iandudum in ea
palestra triumphaui haud negligenter. Sed heus tu
tandem sapere aliquando in tempore non nihil est.
Hec uolui nescius ne esses: quod & magis probem
& pluris pendam quam Apostolorum scripta: inuenirj
aut esse omnino nihil. Id tu meum ipse sentis certe
scio ita faciundum. Vide queso igitur ea que restant.
Ego mi Iacobe mea plurimum semper interesse
interesse putaui: sacras habere litteras eo charactere

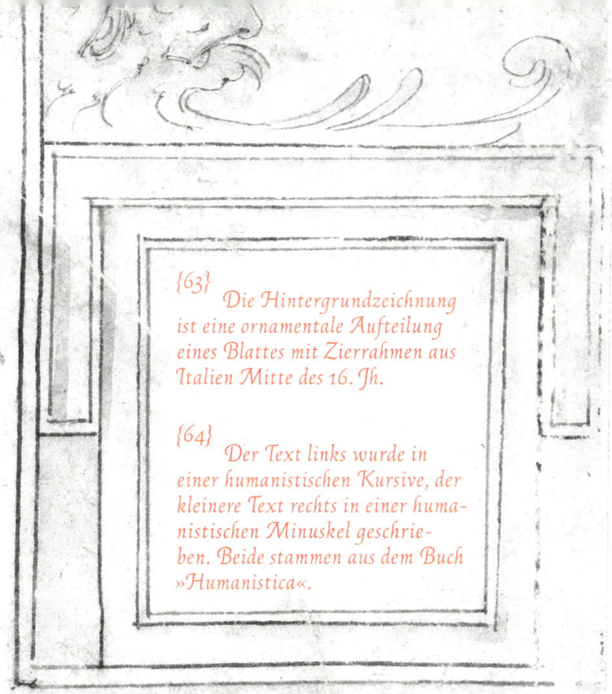

{63} Die Hintergrundzeichnung ist eine ornamentale Aufteilung eines Blattes mit Zierrahmen aus Italien Mitte des 16. Jh.

{64} Der Text links wurde in einer humanistischen Kursive, der kleinere Text rechts in einer humanistischen Minuskel geschrieben. Beide stammen aus dem Buch »Humanistica«.

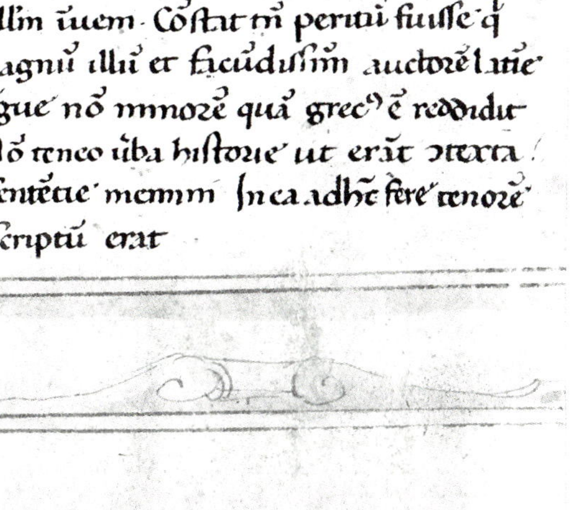

Dieser Wandel vollzog sich natürlich noch nicht überall und auch nur sehr langsam. Besonders in reichen Handelsstädten (Italien hatte derer viele) veränderte sich die Herrschaftsstruktur. Hier gab die reiche, oberste Schicht des Bürgertums* den Ton an. Auch Kaiser und Könige anderer Länder förderten Bildung, Kunst und Kultur nach Vorbild der italienischen Renaissance, bekannt dafür war zum Beispiel Heinrich VIII. (der mit den sechs Frauen).

Kommen wir zur Schriftentwicklung dieser Zeit. Bereits die rundgotische Rotunda zeigte, dass die Italiener sich einfach nicht mit dem gänzlich gebrochenen Schriftbild, das in der Gotik so populär wurde, anfreunden konnten. Eine Vorform der später folgenden humanistischen Minuskel war die *Gotico-Antiqua**, eine Minuskelschrift, die noch als gotisch galt, aber der humanistischen Schrift bereits nahe kam. Letztere war ein regelrechter Meilenstein, denn sie war das Vorbild für viele Antiqua-Druckschriften, die noch heute in Gebrauch sind.

Wirklich amüsant bei dieser Schriftentwicklung ist, dass sie eigentlich ein riesiges (humanistisches) Missverständnis war! Die italienischen Humanisten mit ihrem Hang zur Antike hatten Zugriff auf einen großen Bestand griechischer und lateinischer Texte, geschrieben in der karolingischen Minuskel. Sie erinnern sich vielleicht an Karls großes Bestreben des Übersetzens und Kopierens philosophischer, künstlerischer und wissenschaftlicher Schriften der Antike. Anscheinend hatte er einen guten Job gemacht, denn die große Anzahl an Schriftstücken bestärkte die Humanisten in der Annahme, es müsste

* *Die oberste Schicht des Bürgertums waren die Patrizier. In den großen Handelsstädten waren es diese mächtigen Familien, die die Geschicke einer Stadt lenkten und die Entscheidungen trafen.*

* *Diese Schrift wurde auch Fere humanistica, also »fast humanistisch« genannt und als spätere Druckschrift gebraucht. Weil der bekannte Dichter Petrarca ein Verfechter dieser Schreibart war, wurde sie auch Petrarca-Schrift genannt.*

{65} *Oben: Breve von Papst Leo X. in Cancellaresca, auf Pergament geschrieben von Ludovico Vicentino degli Arrighi, 1513*

{66} *Rechts: Religiöse Motive waren sehr beliebt; eine weitere Zeichnung des schreibenden Evangelisten Johannes.*

quibus aliqu[illegible] officia illius nre Civitatis nonnullis Civibus &
em Civitatis fuisse ut aliqui earum & Contumelijs repulsi omnes a-
rant cum antea in [illegible] officiorum una cum alijs coniecti fuisset
erint que insolentia ac temeritas nobis speciem quadam rebellionis
a. sede consequuta sit: Tenta esse eorum hominum temeritatem
igit si clementia nra pax prosit ad moderandas hominum Teme
mari cupientes: Devo(ni) Tue committim atque mandamus ut dictas
quorum perversitas diligentie tue obstiterit & si illi qui [illegible]
indu ut eorum nomina qui se opposuerint eorumque statis et qualita
ssimus: Datum Rome apud Sanctum Petrum sub Annulo Pisca
Anno Primo

Ia Sadoletus

sich bei der Carolina um eine antike Originalschrift handeln, die sie eifrig nachahmten. Ausgerechnet die bedeutendste Schrift des Mittelalters, dem die Humanisten nun wirklich nicht viel abgewinnen konnten, wurde nach etwa 200 Jahren wiederbelebt.

Ausgehend von diesen Ablegern bildete sich Anfang des 15. Jahrhunderts die *Humanistica antiqua* oder *Littera antiqua** als bevorzugte Buchschrift aus. Das hauptsächliche Bestreben der italienischen Schreiber galt der passenden Konstruktion der Antiqua-Versalien, denen die römische Kapitale Modell stand. Sie wurde also als Zweialphabetschrift praktiziert. Im Gegensatz zur Carolina bekamen die Minuskeln kleine Serifen, damit sie sich besser mit den Großbuchstaben verbanden. (Der Gebrauch von Großbuchstaben kam im deutschen Sprachraum vor allem im 16. Jahrhundert in Mode, nicht nur für Satzanfänge und Eigenamen, sondern teilweise sogar völlig willkürlich ohne Rücksicht auf die Wortart.) Die Humanisten ließen mit ihrem Streben die gotischen Schrifttraditionen zur Gänze hinter sich. Gebrochene und runde Schriften existierten daher zeitgleich nebeneinander. Die Schriftspaltung, die besonders den deutschsprachigen Raum in den folgenden Jahrhunderten durchdrang (und von der wir noch allerhand hören werden), hatte ihre Wurzeln in dieser Epoche.

Das Vorbild unserer heutigen lateinischen Schreibschrift stammt ebenfalls von den Humanisten. Wie schon so oft zuvor entstand aus dem Bedürfnis des schnellen Schreibens eine kursive Schriftform mit national bedingten Eigenheiten. Ihre Entstehung ist nicht präzise zu definieren. Bekannt ist, dass Niccolò Niccoli wesentlich zu ihrer Formung beitrug und sie regelrecht propagierte, indem er sie in seiner Schreibschule lehrte. Gegründet hatte er seine Ausbildungsstätte im frühen 15. Jahrhundert im reichen Florenz, der Stadt der Medici*.

Zur Jahrhundertmitte hatte die humanistische Kursive Einzug in die römische Kurie gehalten und erfreute sich in privaten Studienschriften sowie als Korrespondenzschrift in Briefen wachsender Beliebtheit. Ersteres war besonders wirkungsvoll für ihre Verbreitung. Päpstliche Erlasse aller Art ließen die Grenzen Italiens weit hinter sich und gelangten nach ganz

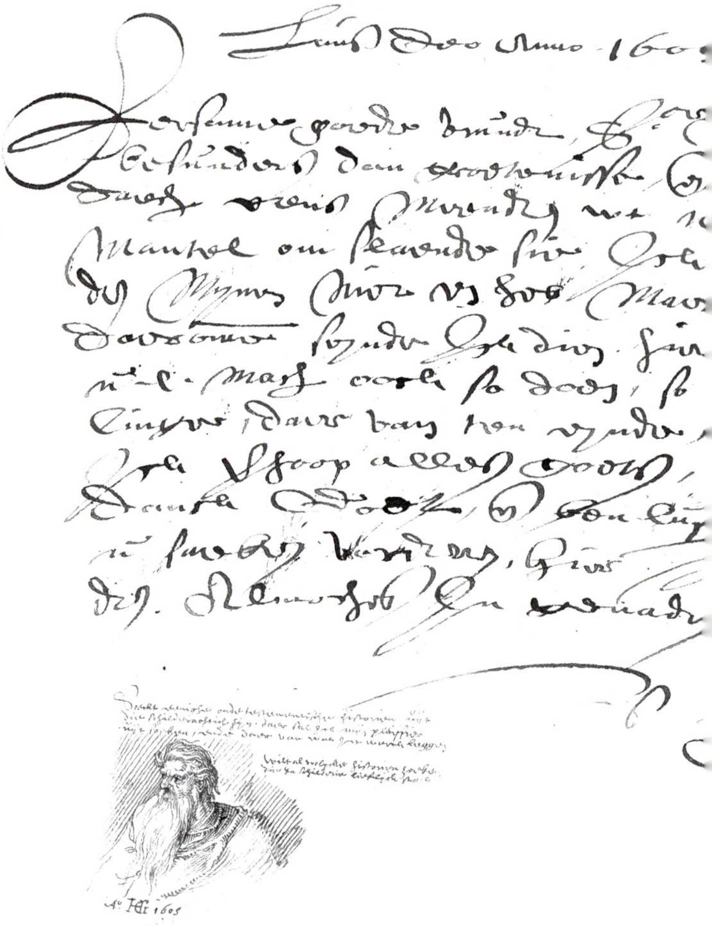

* *Littera antiqua bedeutet übersetzt soviel wie »alte Schrift«. Im Sinne der Renaissance handelt es sich um die neue Schrift mit den alten Buchstabenformen.*

* *Die Medici waren eine einflussreiche Familie aus Florenz, die unter anderem mehrere Päpste stellte. Papst Leo X. war ebenfalls ein Medici.*

{67} Ein Brief vom niederländischen Maler und Kupferstecher Hendrick Goltzius an Jan van Wely in seiner sehr eigenwilligen Handschrift vom 22. Mai 1605

Europa. Das hohe Ansehen der päpstlichen Kanzlei tat ihr Übriges, um die Schrift als beispielgebend zu übernehmen. Diese Art der kursiven Kanzleischrift wurde von den italienischen Schreibmeistern selbst als *Cancellaresca* bezeichnet.

Die humanistische Kursive zeichnete sich durch Klarheit, Einfachheit und gute Lesbarkeit aus, zugleich hatte sie eine angenehme Ausgewogenheit von Rhythmus und Dynamik. Je nach Einstellung und Übereinstimmung sozialer Gruppen mit den humanistischen Werten wurde die Schreibschrift übernommen. Das führte zu vielfältigen Schattierungen und Abwandlungen der Kursive, so waren die spanischen Schriften weicher und rundlicher in ihrer Ausführung als die italienischen. Das gemeinsame Schreibwerkzeug seiner Zeit war der breitkantig geschnittene Federkiel. In einem 30- bis 45-Grad-Winkel über das Blatt bewegt, zeigte sich eine variierende Strichdicke von breit nach schmal bei den geschriebenen Rundungen.

Durch kalligrafische Einflüsse wurde die humanistische Kursive zur anerkannten Gelehrten- und Künstlerhandschrift, wodurch die gotischen Schriften

{68} Dem Motiv der schreibenden Person begegnen wir in der Kunst immer wieder. Die Zeichnung des schreibenden, bärtigen Mannes aus der Mitte des 17. Jh. wurde lange für ein Werk Rembrandts gehalten, ist aber vermutlich von einem anderen Zeichner.

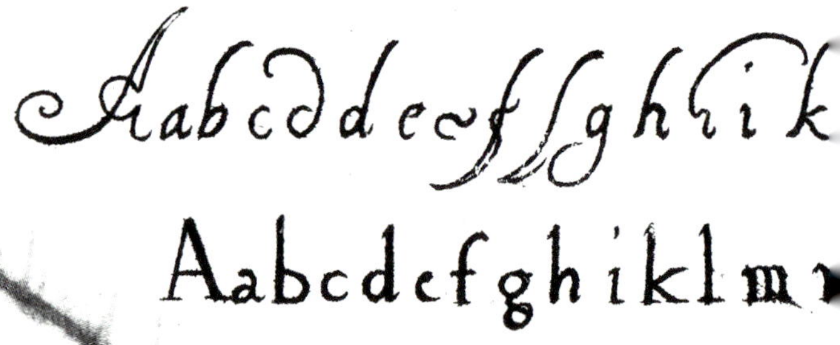

{69} Oben: Ausschnitt aus einem Druck mit unterschiedlichen Alphabetausführungen von Michiel le Blon aus der ersten Hälfte des 17. Jh.; gut erkennbar sind die unterschiedlichen s-Formen.

{70} Rechts: Dieser Codex aus dem 11. Jh. bekam im 16. Jh. eine neue Beschriftung auf dem Vorderdeckel in der humanistischen Kursive.

langsam zurückgedrängt wurden. Ludovico Vicentino degli Arrighi – seinerzeit renommierter Kalligraf, Schreiber der päpstlichen Kanzlei, Drucker und Verleger – veröffentlichte in den 20er-Jahren des 16. Jahrhunderts vielfältige Schriftarbeiten, basierend auf seiner *Cancellaresca*. Unter Experten wird vermutet, dass es seine Handschrift war, die die Britischen Inseln erreichte und die Benennung der Italic zur Folge hatte (der Bezug zum Herkunftsland Italien ist wohl offensichtlich). Die fachliche Bezeichnung Chancery verweist auf ihren Verwendungszweck in Kanzleien.

Deutsche Humanisten und Drucker, die Italien bereist hatten, brachten die Werke italienischer Schreiber mit in ihre Heimat. So wurden die Formen der lateinischen Handschrift und der Antiqua auch in Deutschland bekannt.

Zwei weitere wichtige Veränderungen muss ich noch kurz ansprechen. Erstens findet man seit der Renaissance die Unterscheidung von langem »s« in der Mitte des Wortes, dem Schluss-»s« am Ende des Wortes und dem scharfen »s« in der Handschrift.

Der Humanismus und die Renaissance waren verantwortlich für viele Neuerungen und Veränderungen in verhältnismäßig kurzer Zeit und das durch die Rückbesinnung auf jahrhundertealtes Wissen. Die Schriftentwicklung machte einen gewaltigen Satz in Richtung unserer heutigen Schreibschrift. Das irrtümlich die Carolina für eine original antike Schrift gehalten wurde, tat dem ganzen keinen Abbruch – schließlich zeichnete sie sich zu ihrer Zeit bereits durch eine gute Lesbarkeit aus.

Natürlich waren mit dem Ende des 16. Jahrhunderts der Humanismus nicht plötzlich zu Ende und alle Humanisten verschwunden. Der Renaissance-Humanismus war erst der Anfang, seine Langzeitwirkung zeigte sich auch in den nachfolgenden Epochen. Es gab weitere Strömungen mit vielen unterschiedlichen Ausrichtungen, die sich an den italienischen Humanisten orientierten.

Hat sich das lange »s« auch nicht bis zum heutigen Tag halten können, das scharfe »s« oder Eszett, wie es auch genannt wird, gibt es noch in Deutschland und Österreich. Zweitens ging man im 16. Jahrhundert dazu über, arabische statt römische Zahlen bei Rechnungen zu verwenden. Das arabische Zahlensystem hat sich mit großem Erfolg durchgesetzt und gehalten.

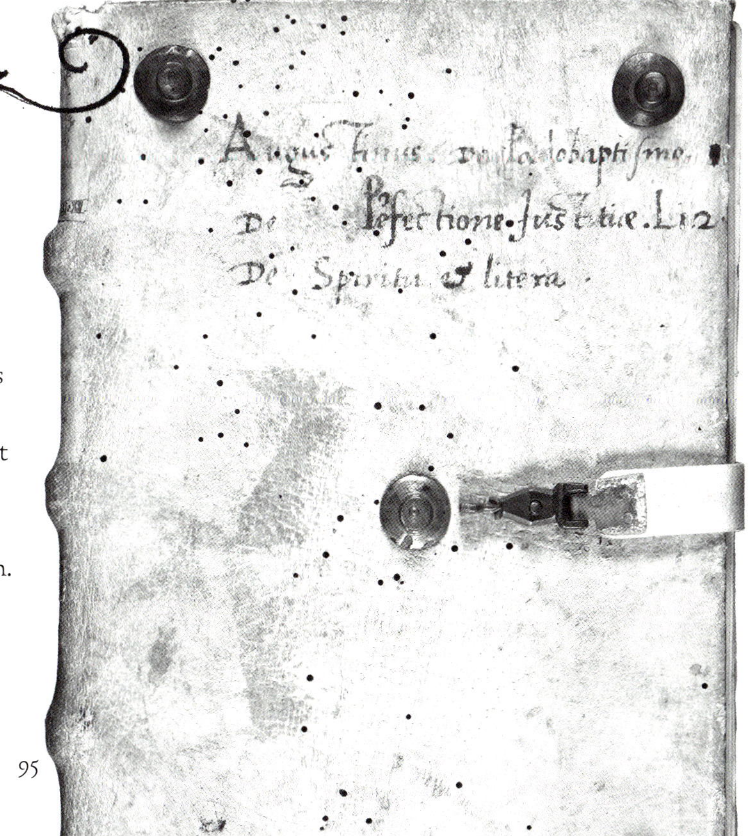

Anweisung zum Federschneiden

In zehn Schritten zum perfekten Schreibgerät

Johann Stäps d. Ä. gab 1749 in seiner »Selbstlehrenden Cantzleimäßigen Schreibe-Kunst« eine sorgfältige Anweisung zum Schneiden eines Federkiels. Es folgt eine auszugsweise Wiedergabe dieser Anleitung in der Originalsprache:

{71} *Illustration nach Friedrich Kiechels Anweisung zum Federschneiden*

»Was aber den Federschnitt an sich betrifft, geschieht er folgendergestalt: Man schabet den Kiel mit dem Rücken des Feder-Messers ganz glatt; alsdann schneidet man ihn oben und unten mit zwei Schnitten auf; vermerkt oben auf dem Kiele, mit der Schärfe des

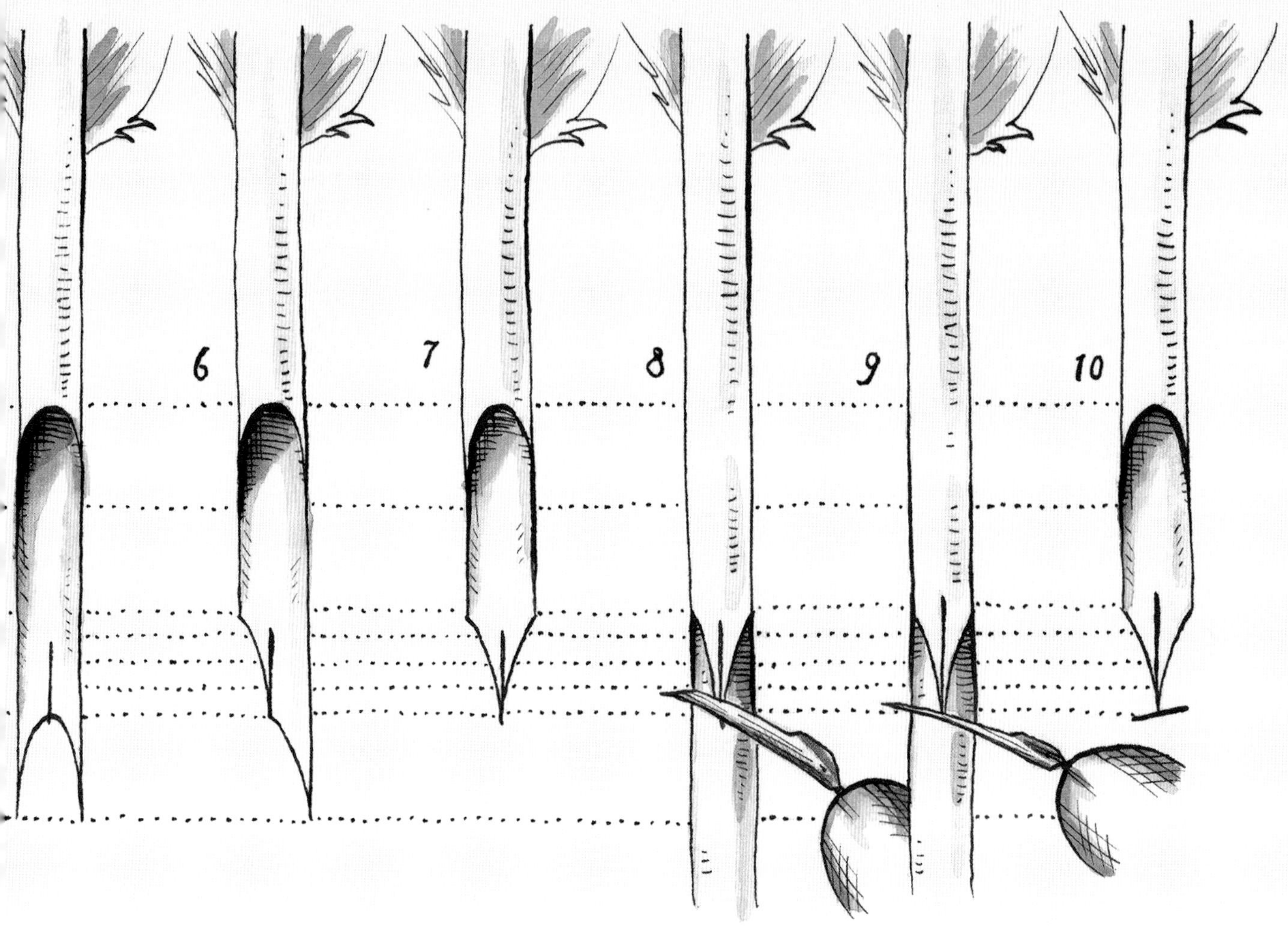

Federmessers die Spuhr, damit der Spalt fein gerade aufspringe, und machet den Anfang zum Spalt mit einem kleinen Einschnitt, und schneidet den Kiel soweit auf, als der Spalt aufspringen soll, mit einem starken Schnitt, sprenget mit der Spitze des Feder-Messer-Heftes, oder in Mangel desselben, mit einem anderen Kiel, den Spalt fein gelinde auf, daß er nicht zuweit aufspringe; alsdann geschieht die Ausschweifung des Schnabels zu beyden Seiten mit rechter Gleichheit, damit nicht ein Theilgen schmäler werde als das andere, woraus ein Spritzeln erfolgt; herauf wird der Schnabel auf dem Nagel des linken Daumens (oder auf einem hineingesteckten Kiel) recht scharf und gleich, daß nicht die eine Spitze des Schnabels länger bleibt als die andere, abgeköpft; wird der Schnabel mit dem ersten Schnitt nicht recht gleich, so muß man die Abknüpfung, so gerade als möglich, wiederholen; endlich wird auch der letzte Aufschnitt, zur Einfassung der Dinge gemacht, und damit ist die Feder fertig.«

V. Buchdruck & Schreibschulen

Gutenbergbibel: 1452 – 1454

{72} *Fotoreproduktion eines Druckes, der ein Porträt von Johannes Gutenberg zeigt, hergestellt um 1870*

Eine weitere große Errungenschaft fällt in die Epoche der Renaissance: der Buchdruck mit beweglichen Metalllettern und Druckerpresse. Die Erfindung des modernen Buchdrucks Mitte des 15. Jahrhunderts war der Verdienst des Mainzer Goldschmieds Johannes Gensfleisch, genannt Gutenberg*. Natürlich erfand er das Rad nicht gänzlich neu, Buchdruckverfahren hatte es schon lange vor seiner Erfindung gegeben. Verbreitet waren vorher vor allem die Blockbücher, bei denen die gesamte Seite spiegelverkehrt in einen Holzblock geschnitzt wurde, die dann komplett gedruckt werden konnte. Gutenbergs Neuerung basierte vor allem auf den beweglichen Metalllettern, die leicht auszutauschen waren. (Den Druck mit beweglichen Lettern gab es eigentlich auch schon. Ein Chinese hatte ihn erfunden, nur bis Europa hatte sich das Verfahren nicht ausgebreitet.) Die Krönung seiner Erfindung war die Gutenberg-Bibel*, von der ungefähr 180 Exemplare entstanden. Im Übrigen wählte er als Druckschrift für dieses Werk die gitterförmige Textura. Allerdings trieb Gutenberg sein Einfallsreichtum fast in den Ruin, da er sich große Summen Geld für seine Experimente geliehen hatte. Nichtsdestotrotz löste er eine Medienrevolution im europäischen Raum aus. Die neue schnellere und günstigere Herstellungsmethode für Bücher machte das handschriftliche Kopieren (fast) über Nacht überflüssig. Das handgeschriebene Buch wurde zum Luxusartikel, weil es preislich nicht einmal annähernd mit den neuen Druckerzeugnissen konkurrieren konnte. Angestoßen wurde nun eine eigenständige Entwicklung der Gebrauchsschriften, weg vom Medium Buch, das im Mittelalter so bedeutend war. Die gegossenen Druckschriften wurden zwar nach handschriftlichen Vorbildern gefertigt, unterlagen jedoch nicht länger dem direkten Einfluss von Schreibgeräten wie des allseits beliebten Federkiels. Der ungeheure Vorteil des Buchdrucks war der sprunghafte Anstieg der Leserschaft. Das Buch war endlich einer breiten Masse an Menschen zugänglich, was der Bildung des Einzelnen zugutekam. Der Buchdruck, durch den der massenhafte Druck von Flugblättern und theologischen Abhandlungen ermöglicht wurde, war ein unverzichtbares Werkzeug Martin Luthers und der gesamten Reformationsbewegung.

Die beruflichen Schreiber klagten nicht lange, sondern orientierten sich um. Ihr Berufsstand war nach wie vor gefragt, sei es in Kanzleien, Verwaltungen, Notariaten oder als Schreiblehrer. Handgeschriebene Urkunden waren immer noch beliebt: Egal, ob rechtliche Urkunden, Adelsbriefe, staatliche

* *Namen wurden zu dieser Zeit noch nicht von Vater zu Sohn weitervererbt. Die Mainzer Patrizier wurden nach ihren Häusern benannt, so auch bei Johannes Gutenberg.*

* *Die Gutenberg-Bibel wird auch »B42« genannt, was sich auf die Zeilenanzahl von 42 Zeilen pro Seite bezieht.*

{73} Eine Anleitung zum Zuschneiden eines Schilfrohrs aus dem »Spieghel der schrijfkonste« (»Spiegel der Schriftkunst«) von Jan van de Velde I. und Simon Frisius, Anfang 17. Jh.

»Die Erfindung der Buchdruckerkunst macht dem menschlichen Verstande zwar Ehre, doch verliert sie sehr, wenn man sie mit der Erfindung der Buchstaben vergleicht.«

Thomas Hobbes

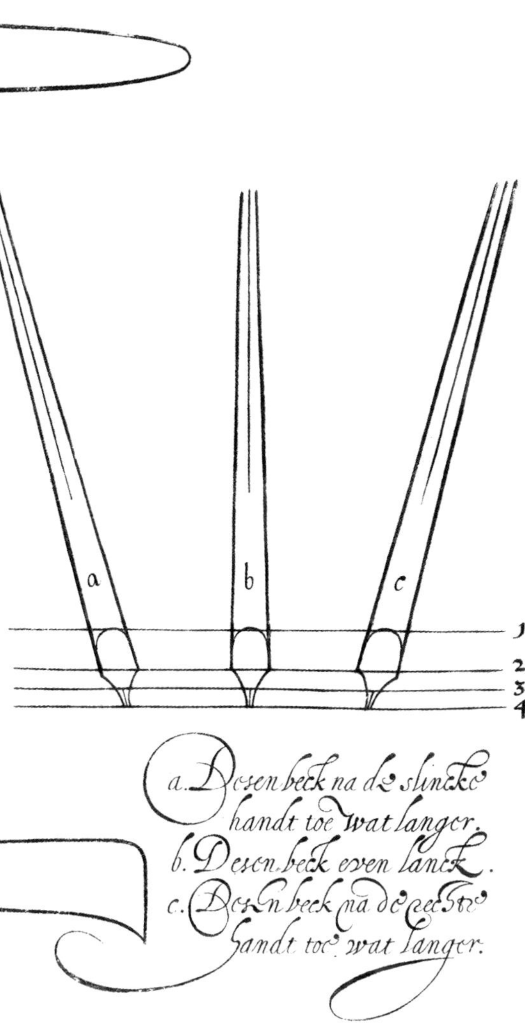

Verträge oder der Lehrbrief beim Handwerksmeister nebenan – sie alle wurden handschriftlich verfasst. Statt zu stagnieren, erlebte die Schreibkunst einen wahren Aufschwung. Der Beruf des Schreib- und Rechenmeisters existierte bereits seit dem 13. Jahrhundert. In Städten eröffneten sie private (manchmal auch öffentliche) Schulen, in denen Söhne aus Bürgerfamilien Grundkenntnisse im Schreiben, Lesen, Rechnen sowie eine religiöse und moralische Erziehung erwerben konnten. Andere betätigten sich als wandernde Schreiber und fertigten unterschiedliche Schriftstücke gegen Geld an, wo auch immer sie gerade waren. Der Beruf des selbstständigen Schreibmeisters wurde erst im 19. Jahrhundert zum Auslaufmodell und ging damals über in den Schreiblehrer an Grundschulen.

Anfang des 16. Jahrhunderts kamen die Schreibmeisterbücher in Mode. Zuerst vor allem in Italien (wie könnte es auch anders sein), später dann in vielen weiteren europäischen Ländern. Sie waren Hand-, Lehr und Musterbücher und zeugten vom Können ihres Gestalters. Per Hand fertigten die Schreibmeister Abbilder vergangener und gegenwärtiger Schriften an, die anschließend in kleinen Buchformaten abgedruckt wurden. Zuerst wurden sie überwiegend in der Holzschnitttechnik gefertigt (genauso wie die Strickmusterbücher, die in den 20er-Jahren des 15. Jahrhunderts in Gebrauch kamen). Später kam der Kupferstich dazu, der noch feinere Ergebnisse ermöglichte. Die Bücher enthielten vor allem Vorlagen zum Erlernen bestimmter Schriften, sei es in einer Schule oder zum Selbststudium.

Eine gute Handschrift war hoch angesehen, das Schreiben per Hand wurde eine künstlerische Disziplin. Die Drucker griffen beständig auf handschriftliche Quellen zur Entwicklung ihrer Satzschriften zurück. Italienische Vertreter ihrer Zunft, wie zum Beispiel Aldus Manutius*, formten aus der handschriftlichen Kursivschrift den Typus der gedruckten Kursive, der bis heute Bestand hat. Die Schreibmeister wurden davon wiederum zu neuen Höchstleistungen angefeuert und verfeinerten ihre Schriften stetig. Schreiben war populär und beginnend mit dem Humanismus bildete sich eine Briefkultur mit hohen ästhetischen Ansprüchen aus, die bis ins 20. Jahrhundert bestand. Die humanistische Kursive wurde zur Handschrift von Gelehrten, Königen und Künstlern. König Edward IV. und Königin

* *Aldus Manutius war einer der bekanntesten venezianischen Drucker des 15. Jh., er veröffentlichte viele Texte humanistischen Inhalts.*

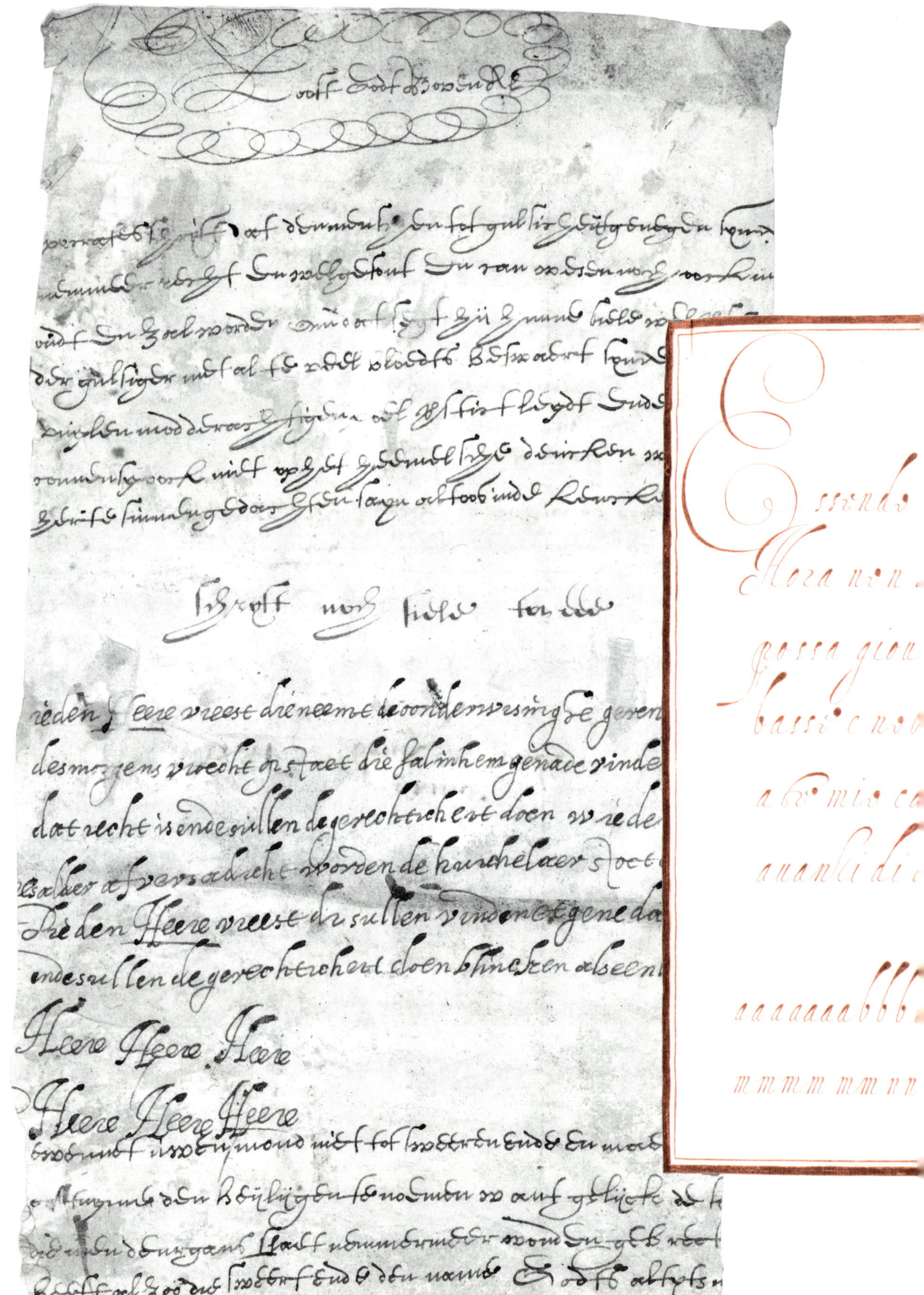

{74}
Links: Ein Schmierblatt mit handschriftlichen Übungen, das in einer Ausgabe des Albums »Spieghel der schrijfkonste« gefunden wurde

{75}
Unten: Kalligrafisches Schreibbeispiel einer Cancellaresca von Lucas Materot, 1608

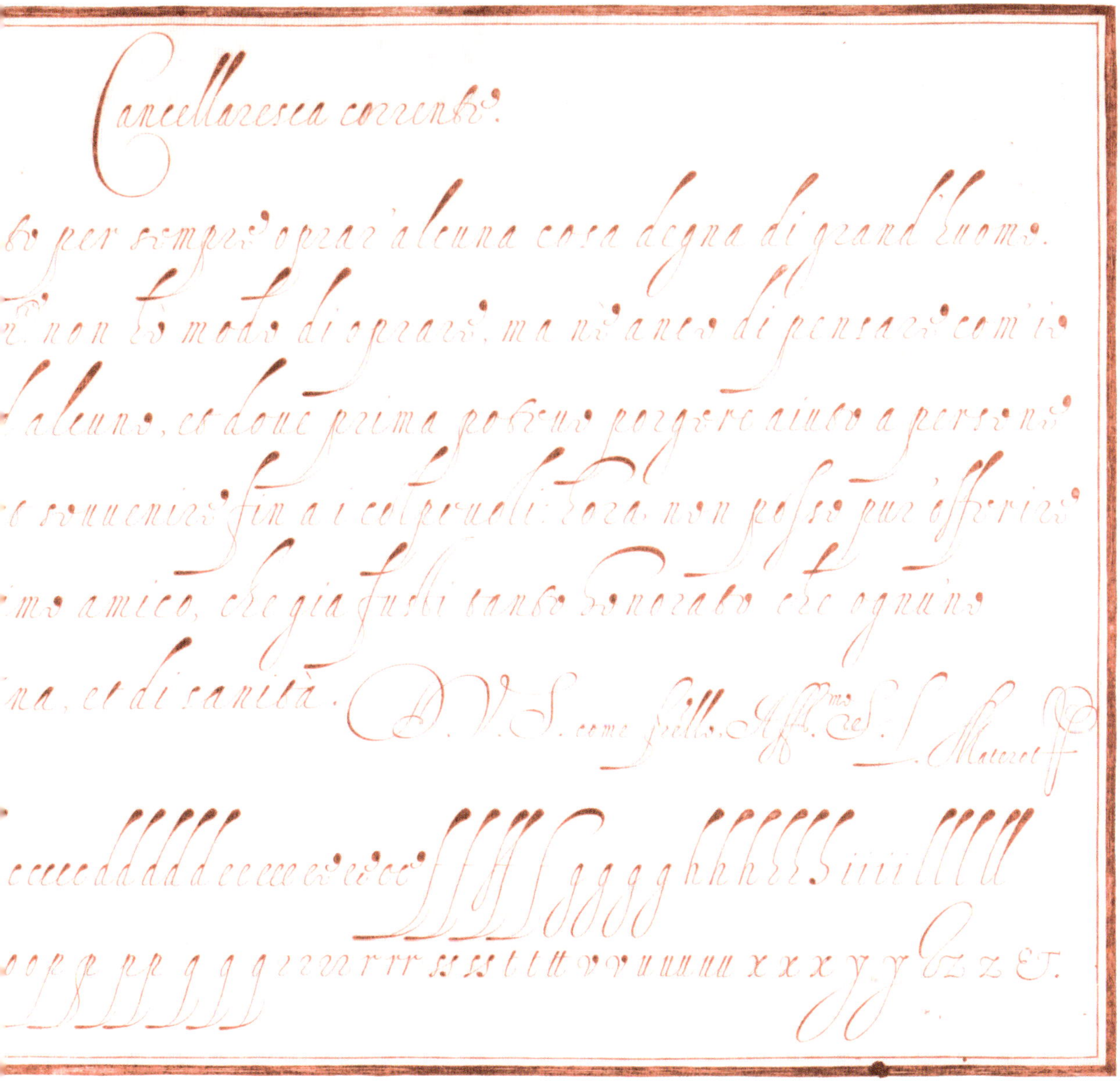

Elisabeth I. von England schrieben ebenso nach ihrem Vorbild wie die Künstler Cellini und Michelangelo.

Als *der* Deutsche Schreibmeister gilt Johann Neudörffer der Ältere, der seit 1519 in Nürnberg tätig war. Sein Werk »Anweysung einer gemainen Handschrift« von 1538 brachte ihm große Anerkennung ein, galt es doch als vorbildlich gestaltetes Schreibmeisterbuch. In den Niederlanden war Jan van de Velde I. ein herausragender Meister seiner Kunst. Allgemein erlebte die Schriftkunst in den Niederlanden um 1600 eine Blütezeit. Der Handel hatte vielen Städten Reichtum eingebracht. Sie waren multikulturell, wodurch viele einheimische und fremde Schriften zusammentrafen.

Der moderne Buchdruck, der in der Renaissance begann, war also nicht das Ende für das Schreiben per Hand. Im Gegenteil, er spornte die Schreiber zu neuen Höchstleistungen an und führte zu einem Aufschwung des Handschreibens als Kunst. Es war ein Höhepunkt der westlichen Kalligrafie, der beeindruckende Werke hervorbrachte.

{76} Oben: Eine (niederländische) Schreibvorlage von Antonius Smyters mit der korrekten Schreibhaltung als zentralem Element, entstanden Ende 16. oder Anfang 17. Jh.

{77} Rechts: Zwei weitere, üppig verzierte Seiten aus dem »Spieghel der schrijfkonste«, in denen sich das ganze Können des Künstlers Jan van de Velde I. spiegelt

Garde toy diligemment de
Velde

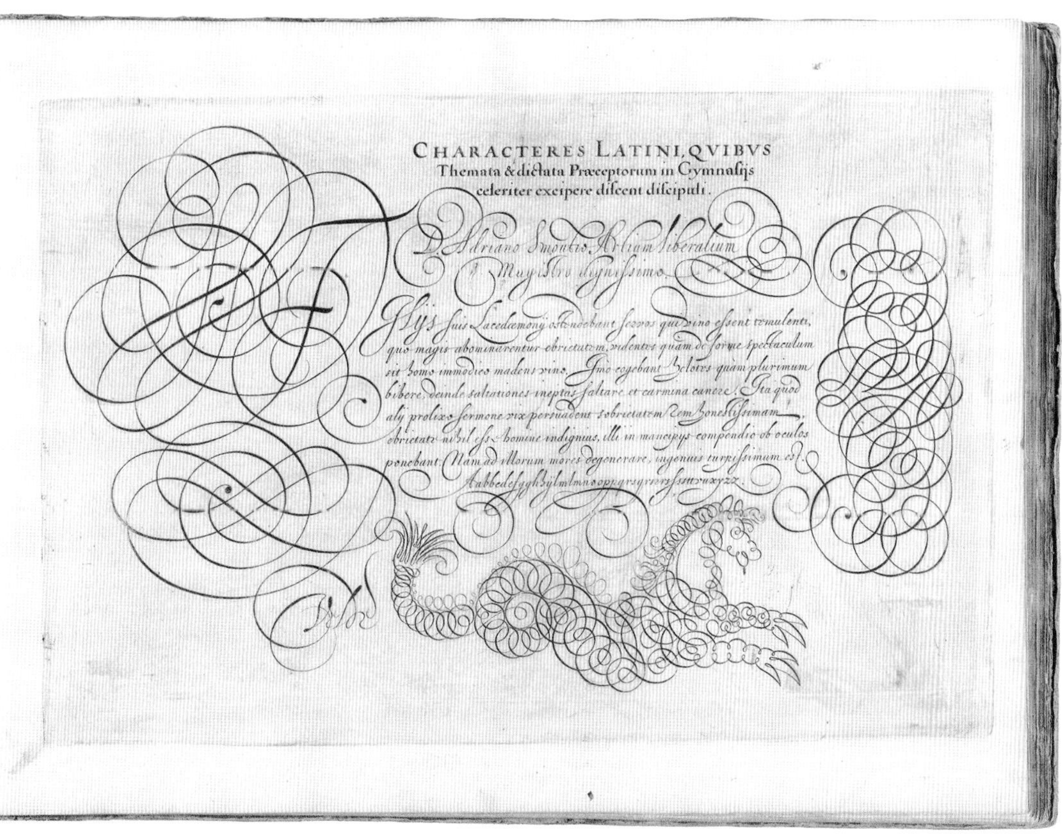
CHARACTERES LATINI, QVIBVS
Themata & dictata Præceptorum in Gymnasijs
celeriter excipere discent discipuli.

Die Geschichte des Bleistifts

Eine gute Mine für jede Schrift

Der Bleistift belegt den ersten Platz als beliebtestes Schreib- und Zeichenwerkzeug unseres Alltags. Er kleckst nicht, er verschmiert uns nicht die Finger und lässt sich sogar korrigieren. Die Geschichte des modernen Bleistifts ist eher kurz, doch wie so oft gibt es auch hier antike Vorläufermodelle. Die früheren Bleigriffel, die dem heutigen Stift seinen Namen eintrugen, waren bei den Römern und mittelalterlichen Schreibern in Gebrauch. Jedoch wurde nicht mit ihnen geschrieben, sondern Linien auf Papyrus oder Pergament gezogen. Zu späteren Zeiten nutzten Künstler wie Leonardo da Vinci manchmal Metallstifte (zum Beispiel aus Silber) zum Skizzieren. Bleigriffel in Papierhüllen (gegen schmutzige Finger) blieben bis ins 18. Jahrhundert hinein gebräuchlich.

Der eigentliche Bleistift, wie wir ihn kennen, ist aus dem Mineral Grafit gefertigt. Ein erstes großes Grafitvorkommen war die Cumberland-Grube in der Nähe von Borrowdale in England. Um 1560 soll es von Schäfern nach einem starken Gewitter entdeckt worden sein, die das Mineral unter anderem dazu nutzten, ihre Schafe zu markieren (was hervorragend funktionierte). Dort begann der Abbau, und nach einiger Zeit begann man, Grafitstäbchen, die zugeschnitten und angespitzt wurden, als Schreibgeräte zu vermarkten.

In Nürnberg (noch heute eine Hochburg der Bleistiftindustrie) entwickelten Handwerker die ersten künstlichen Grafitminen aus einer Mixtur aus Grafit, Schwefel und Baumharz. Die Qualität ließ jedoch noch zu wünschen übrig. Erst Richtung Ende des 18. Jahrhunderts ersannen der französische Zeichner und Offizier (in Napoleons Armee) Nicolas Jacques

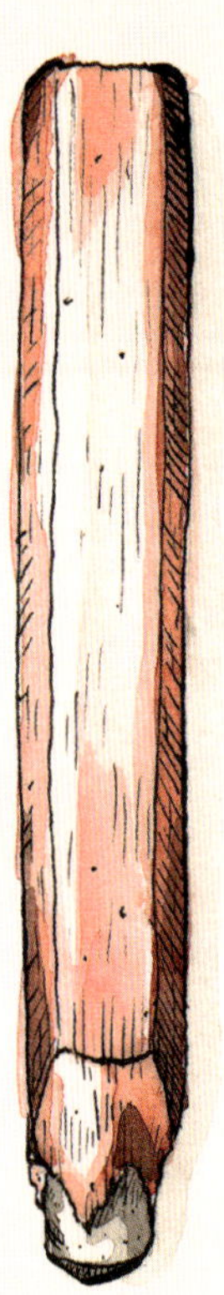

{78} Von links nach rechts: Bleistift aus dem 17. Jh., Fallminenbleistift, normaler Bleistift, Druckbleistift und der kleinste Bleistift der Welt mit 3 mm Durchmesser und 1,75 cm Länge. Die modernen Modelle sind von der bekannten Herstellerfirma Faber-Castell aus Nürnberg.

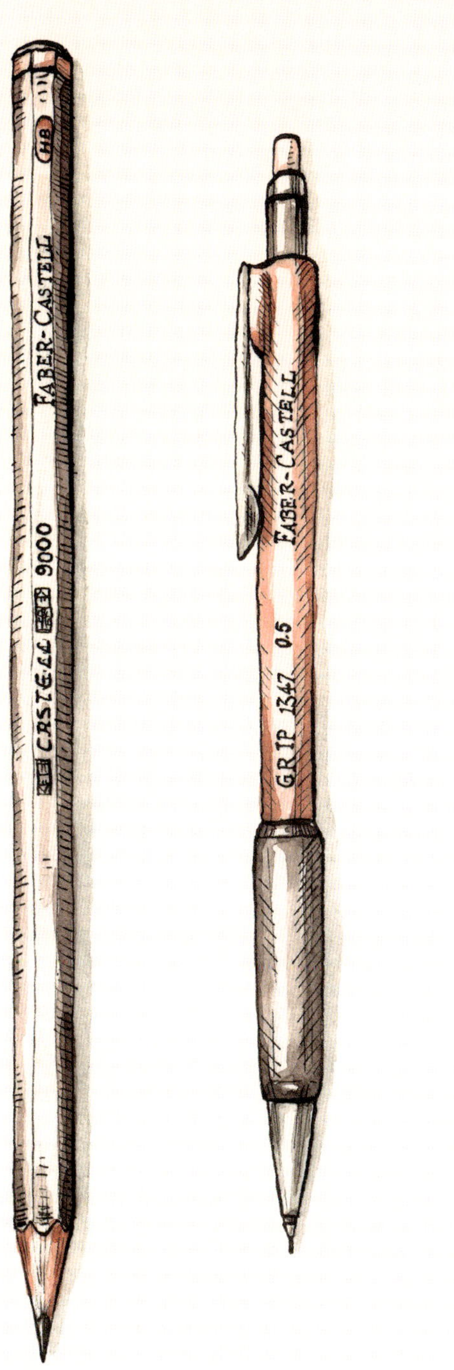

Conté und fast zeitgleich der Österreicher Joseph Hardthmuth ein neues Gemisch für die Minen. Statt des Schwefels nutzten sie plastischen Ton und brannten die Minen, um sie zu härten. Damit war der Grundstein für den Erfolg des Bleistifts gelegt. Das Mischungsverhältnis von Grafit und Ton bestimmt den Härtegrad. Je schwärzer der Abrieb, desto mehr Grafit ist in der Mischung enthalten und desto weicher ist die Mine.

H = hard (hart)
B = black (weich)
F = firm (fest)
HB = half black (mittelhart)

Gab es eingangs nur Bleistifthalter aus Metall oder Horn – in den man einen Bleistift aus Holz schieben konnte – folgte später die Entwicklung der mechanischen Bleistifte. Sie begann mit dem ersten Ganzmetallbleistift 1869, dessen Mine herausziehbar war. Es wurde mit weiteren Techniken experimentiert, so entstanden zum Beispiel der Dreh-, Fall- oder Druckbleistift. Bei den heutigen Bleistiften mit besonders feinen Minen für dünne Strichstärken werden verschiedene Kunststoffe beigemischt.

Zwei wichtige Begleiter des Bleistifts sollen nicht unerwähnt bleiben: der Anspitzer und der Radiergummi. Der Anspitzer mit austauschbaren Messerchen wurde in den 1920-ern von Theodor Paul Möbius – einem Besenfabrikbesitzer – erfunden. Davor wurden die Stifte mit Taschenmessern angespitzt, was zu einem hohen Materialverbrauch führte, weil fast zwei Drittel des Stifts dem Messer zum Opfer fielen. Den Radiereffekt von Kautschuk soll der britische Forscher Joseph Priestley entdeckt haben. Bei der Mischung für die Grundmasse wurde noch einiges verändert, um einen respektablen Radiergummi herstellen zu können, denn der Naturkautschuk schmierte mehr als dass er radierte. Heute sind die Radierer wiederum aus Kunststoff gefertigt.

VI.

Die deutsche Schrift

Neuzeit: 16. Jh. – heute

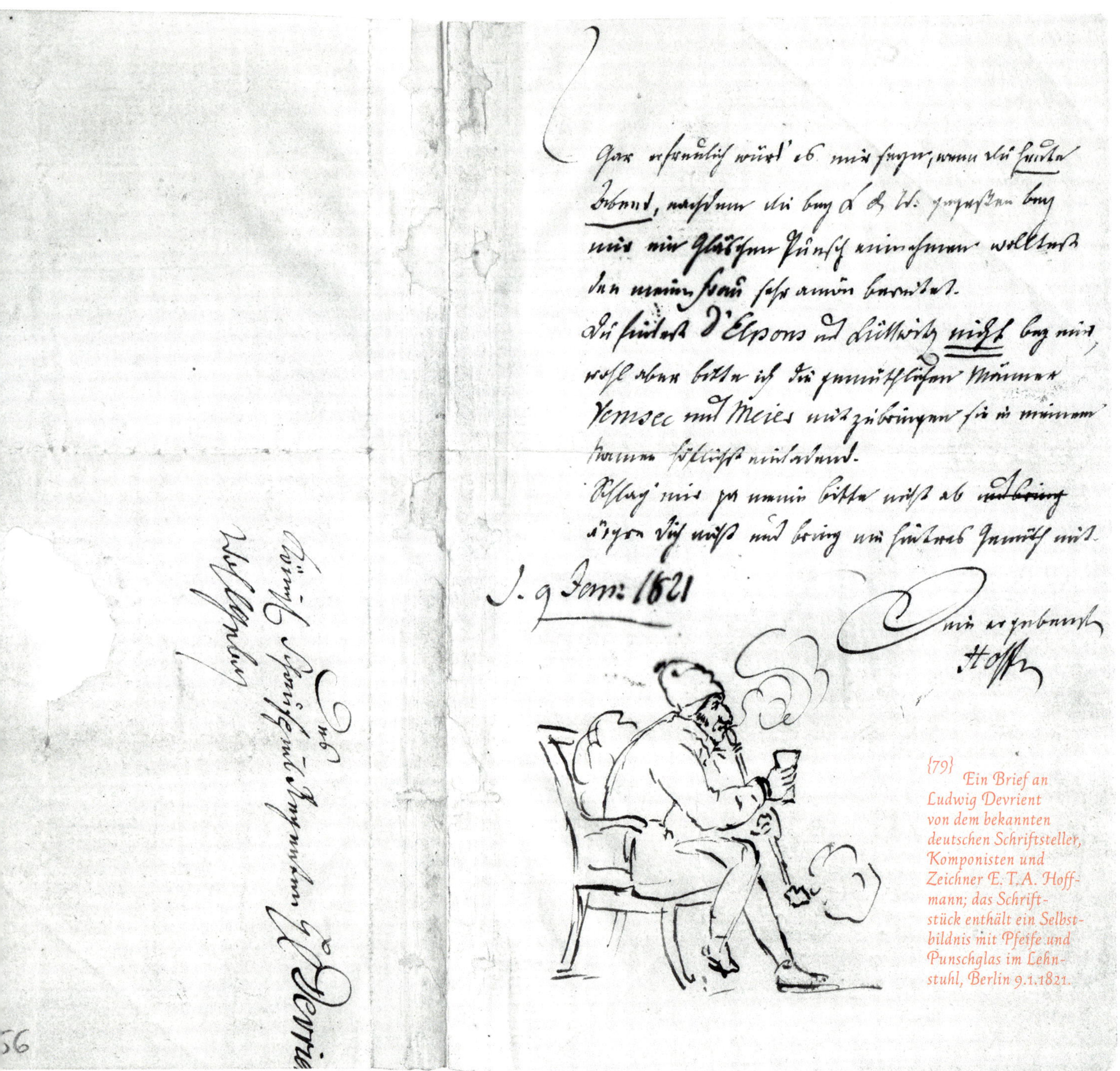

{79} Ein Brief an Ludwig Devrient von dem bekannten deutschen Schriftsteller, Komponisten und Zeichner E. T. A. Hoffmann; das Schriftstück enthält ein Selbstbildnis mit Pfeife und Punschglas im Lehnstuhl, Berlin 9.1.1821.

Die humanistischen Schriften begannen zwar sich auszubreiten, aber nach wie vor wurde außerhalb Italiens (als humanistisches Zentrum) in gebrochenen Schriften geschrieben. Aus ihnen entstand im 15. Jahrhundert im deutschen Sprachraum eine neue Druckschrift, die Schwabacher genannt wurde (woher der Name stammt, ist allerdings ungeklärt). Sie ist die deutsche Druckschrift der Renaissance, aber noch viel entscheidender zu dieser Zeit: Sie ist die Schrift der Reformation! Zahllose Flugblätter wurden in der Schwabacher gedruckt. In einigen Städten

* *Der Begriff »Frakturschrift« wird oft fälschlicherweise als Synonym für gebrochene Schriften verwendet, bezeichnet aber lediglich eine Kategorie innerhalb der gebrochenen Schriften.*

* *Der Klassizismus nahm sich die Antike zum Vorbild und zeichnete sich durch eine klare, schlichte Formgebung aus.*

»Die Feder kritzelt: Hölle das!
Bin ich verdammt zum Kritzeln-Müssen? –
So greif' ich kühn zum Tintenfaß
und schreib' mit dicken Tintenflüssen.«

Friedrich Wilhelm Nietzsche

Westdeutschlands – zum Beispiel Köln, Mainz und Straßburg – fand eine ihr verwandte Schrift Verwendung, die als oberrheinische Schrift bezeichnet wurde. Nach wie vor weit verbreitet in Europa waren die vielfältigen – je nach Gebiet variierenden – Bastarden.

Die Schwabacher wurde im 16. Jahrhundert von der Fraktur* abgelöst, deren genaue Entstehung umstritten ist. Allgemein wird angenommen, dass sie ihre Anfänge mit Beginn des Jahrhunderts zu Zeiten Kaiser Maximilians I. nahm, unter Einfluss der anderen zeitgenössischen Schriften und der Schreiber der böhmischen Kanzleien. Der Name Fraktur deutet auf das aus dem Mittelalter stammende Prinzip der Brechungen hin, dabei entstand sie erst in der Renaissance und ihr unruhiges, dekoratives Schriftbild entsprach weitaus mehr der Ästhetik des Barocks. Später erfuhr sie klassizistische* Abwandlungen und wurde somit stets dem Zeitgeist angepasst. Ihr hervorstechendstes Merkmal sind die sogenannten Elefantenrüssel. Einfach ausgedrückt sind das s-fömig geschwungene Zierelemente an den Majuskeln.

Ebenso wie die Druckschriften war die gotische Kursive als Handschrift mit dem deutschsprachigen Raum verwachsen und ließ sich von der runderen humanistischen Kursive nicht einfach verdrängen. Vielerorts in Europa war das anders. Die humanistischen Schriften überflügelten die gebrochene Formtradition: im 17. Jahrhundert in Frankreich und Spanien, Ende des gleichen Jahrhunderts in England und im 18. Jahrhundert in den Niederlanden und Schweden.

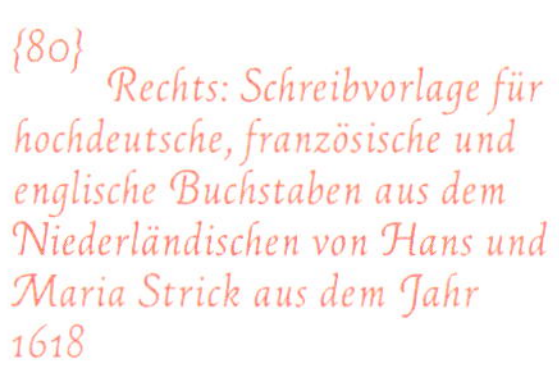

{80}
Rechts: Schreibvorlage für hochdeutsche, französische und englische Buchstaben aus dem Niederländischen von Hans und Maria Strick aus dem Jahr 1618

{81}
Unten: In dem kleinformatigen Stich aus dem 19. Jh. kreuzen Bleistift und Schreibfeder ihre »Klingen«. Der unbekannte Künstler feiert den Bleistift als Sieger mit der Überschrift: »Triomf! Myn potloot heeft victori«.

ondement vande Fransche Letteren
fondement vande Engelsche Letteren
Maria Strick

{82}
Links: Alphabetbeispiele der gebrochenen Buchschriften Textura, Fraktur und Bastarda von Hans und Maria Strick aus dem Jahr 1618

{83}
Rechts: Vorlage einer Kanzleikurrent nach Urban Wyss, entnommen aus seinem Schreibbuch, das im 16. Jh. entstand

Das humanistische Gedankengut erreichte zwar auch Deutschland, fand aber nicht denselben Halt wie in Italien oder den reichen niederländischen Handelsstätten. Die Reformation war im vollen Gange, die Bauernkriege und der Dreißigjährige Krieg tobten – es waren unruhige Zeiten. Mit der wachsenden Volksliteratur und der Bibelübersetzung Luthers gewann die deutsche Sprache und mit ihr die deutschen Schriften für viele Menschen an Wert.

Aus der gotischen Kursive leitete sich die Kurrentschrift ab, besser bekannt als deutsche Schreibschrift, die in Deutschland, Österreich und der Schweiz bis Mitte des 20. Jahrhunderts geschrieben wurde. So kam es, dass über vier Jahrhunderte hinweg beide Handschriften nebeneinander existierten und genutzt wurden. Für den alltäglichen Gebrauch und alle volksprachlichen Texte wurde vorrangig die spitze Kurrentschrift verwendet, während alles in Latein (und anderen Fremdsprachen) in der humanistischen Schrift verfasst wurde. Das ging so weit, dass sogar für ein einzelnes lateinisches Wort in einem deutschen Text die Schrift gewechselt wurde. (Später kam hinzu, dass Eigennamen in der lateinischen Schrift ausgezeichnet wurden.) Martin Luther soll ebenfalls bevorzugt in der deutschen Schrift geschrieben haben. War ein Schreiber auch in der französischen Schrift bewandert, nutzte er diese für französische Texte. Die französische Schrift (vor dem Übergang zur lateinischen Schrift) unterschied sich deutlich von der deutschen Schreibschrift, obwohl sie sich ebenfalls aus der gotischen Kursive ausbildete. Bereits im ersten Halbjahr des 16. Jahrhunderts unterschied man eine englische, eine französische, die italienische und die deutsche Kurrentschrift.

Zu Beginn war sie die deutsche Handschrift der Renaissance – noch recht variantenreich (von stark nach links geneigt bis zur betonten Rechtsneigung war alles dabei). Die individuellen Gepflogenheiten des Schreibenden waren ausgeprägter denn je. Gegen Ende des Jahrhunderts begann man vor allem mit größeren Zeilenabständen zu schreiben, um Raum für Schnörkel und verlängerte Ober- und Unterlängen zu schaffen. Die Mittellänge der Buchstaben war regelrecht gedrungen im Vergleich mit den

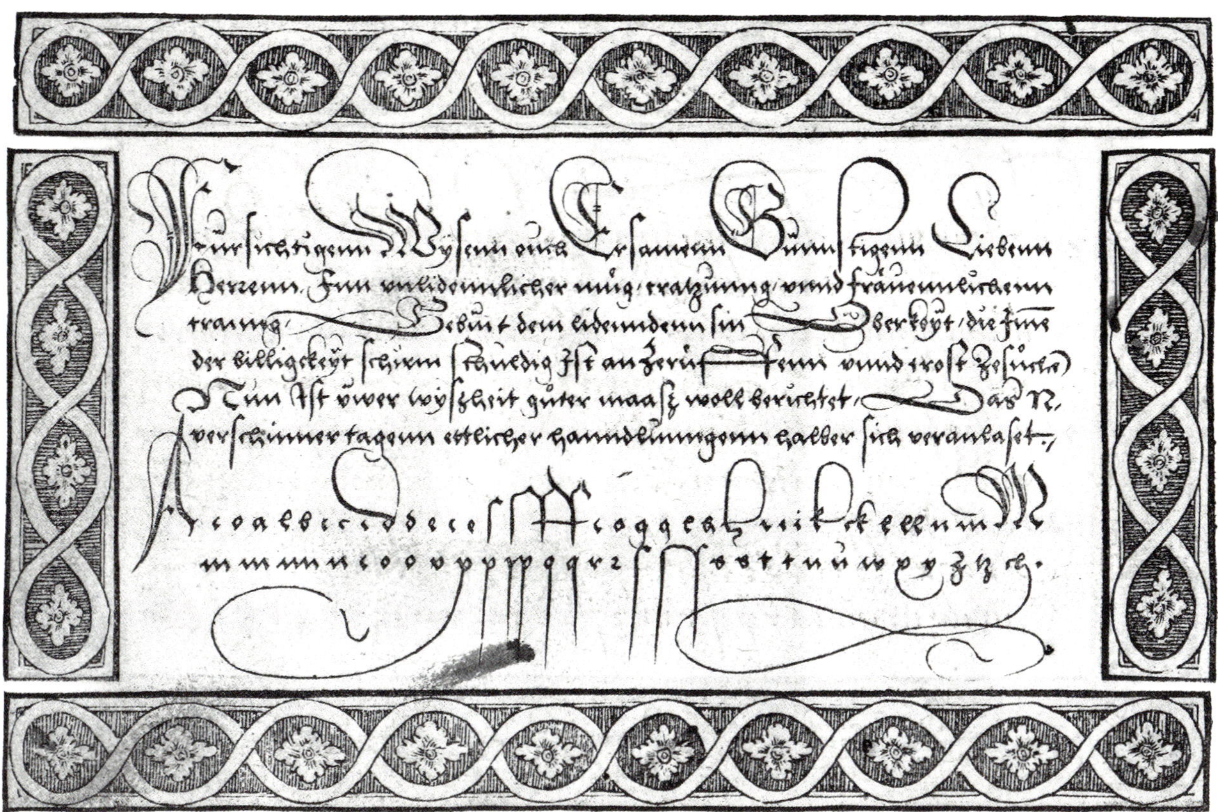

Schäften vom »f« oder langem »s«. Einige Buchstaben verloren ihre Rundungen, so wurde das »c« zum »i« ohne Punkt. Die deutsche Schreibschrift zeigt ein durchaus scharfkantiges Schriftbild und einen hohen Grad an Verbundenheit. Viele Buchstaben ließen sich in einem durchgängigen Zug ohne Pause schreiben. Genau wie ihre gedruckte Schwester wurde die Kurrentschrift in besonderer Weise der deutschen Sprache angepasst. Sie formte (mit der Zeit) die Umlaute »ä«, »ö«, »ü« in ihrer uns bekannten Schreibweise und das lange »s«, das langsam aus der lateinischen Schreibweise verschwand, war noch lange Teil der deutschen Schreibweise.

Der bereits erwähnte Schreibmeister Johann Neudörffer der Ältere hatte mit seinen herausragenden Beiträgen zur deutschen Schrift regen Anteil

{84} Unten: Unter dem Porträt von Martin Luther (das der Drucker Gustav Georg Endner zwischen 1764 und 1824 in Leipzig herstellte) findet sich eine Bildunterschrift nach Luthers eigener Handschrift.

D. MARTIN LUTHER
geb: d. 10. Nov: 1483. gest. den 18. Feb. 1546.

Selig sind die,
so Gottes wort hören
und behalten.
Martinus Luther D.

Luthers eigne Handschrift.

Musik!

Wer einsam steht im bunten Lebenskreise
Und was das Leben teuer macht, verlor,
Wie bebt sein Herz, trifft eine liebe Weise
Aus ferner Jugendzeit sein horchend Ohr.
Willkommen Töne! Eure Zauberfesseln
Weckt eine schlummernde Gedankenwelt,
Verweinte Augen können wieder lächeln,
Die düstre Stirn ist plötzlich aufgehellt.
Der Zephir, der in reichen Blütendüften
des Orients sich hin und her gewiegt,
Verbreitet Balsamhauch noch in den Lüften,
Wenn schon die Blume welk am Boden liegt.
So lebt, ist auch der Traum des Glücks entschwunden,
Erinnerung im Zauber der Musik.
Ein kleines Lied, aus jenen bessern Stunden
Bringt uns die alte Seligkeit zurück.

{85}
Links: Handschriftlicher Eintrag aus einem Poesiealbum von 1967 in lateinischer Schreibschrift, in die sich einzelne deutsche Buchstaben eingeschlichen haben

{86}
Rechts: Handschriftlicher Eintrag aus einem Poesiealbum vom Anfang des 20. Jh.

»Wie läuft das hin, so voll, so breit!
Wie glückt mir alles, wie **ich's treibe!**
Zwar fehlt der Schrift die Deutlichkeit -
Was tut's? Wer liest denn, was **ich schreibe?«**

Friedrich Wilhelm Nietzsche

{87} Oben: Bild eines Jungen, der an einer Hauswand auf einem Stein sitzt und schreibt, von Constantijn à Renesse, entstanden etwa Mitte des 17. Jh.

{88} Rechts: Bildtafel aus der »Anleitung zum Gebrauch der lithographirten deutschen Schreibvorlagen in Kurrent- und Kanzleischrift für die Schulen des Kantons Basel« von Professor Hanhart

an ihrer Entwicklung. Seine Schüler und Bewunderer sorgten im 16. und noch bis ins 17. Jahrhundert hinein für eine großräumige Verbreitung und Weiterentwicklung seines Werks durch die Gründung weiterer Schreibschulen in unterschiedlichen Städten.

Der Barock und der ihm folgende Rokoko nahmen wie schon die vorherigen Epochen Einfluss auf die Schriften. Alles wurde geschwungener, verschnörkelter und weit ausladender – wie die Kleider der Damen jener Zeit. Es folgten virtuose Schriftzüge, die kaum noch als solche erkennbar waren. Der spitz zugeschnittene Federkiel und die Technik des Kupferstichs* zur Reproduktion begünstigten ornamentale Ausschweifungen, da sich das gesamte Bild feiner ausarbeiten ließ. Im England des 17. und 18. Jahrhunderts gipfelte diese Entwicklung in der englischen Schreibschrift, auch *Anglaise* genannt, die ein unglaublich präzises und feines Schriftbild zeigte. Diese klassizistische Schrift wurde mit einer spitzen Stahlfeder geschrieben, die durch unterschiedlich ausgeübten Druck Linien an- oder abschwellen ließ. Dieser Schwellzug, die gleichmäßigen Ober- und Unterlängen sowie ein konstanter Neigungswinkel von 60 Grad waren typisch für die *Anglaise*. Von England aus verbreitete sie sich in andere europäische Länder und wirkte auf deren Schriften ein.

* *Der Kupferstich ist ein Tiefdruckverfahren, das in der Renaissance aus der Gravierkunst der Goldschmiede entwickelt wurde.*

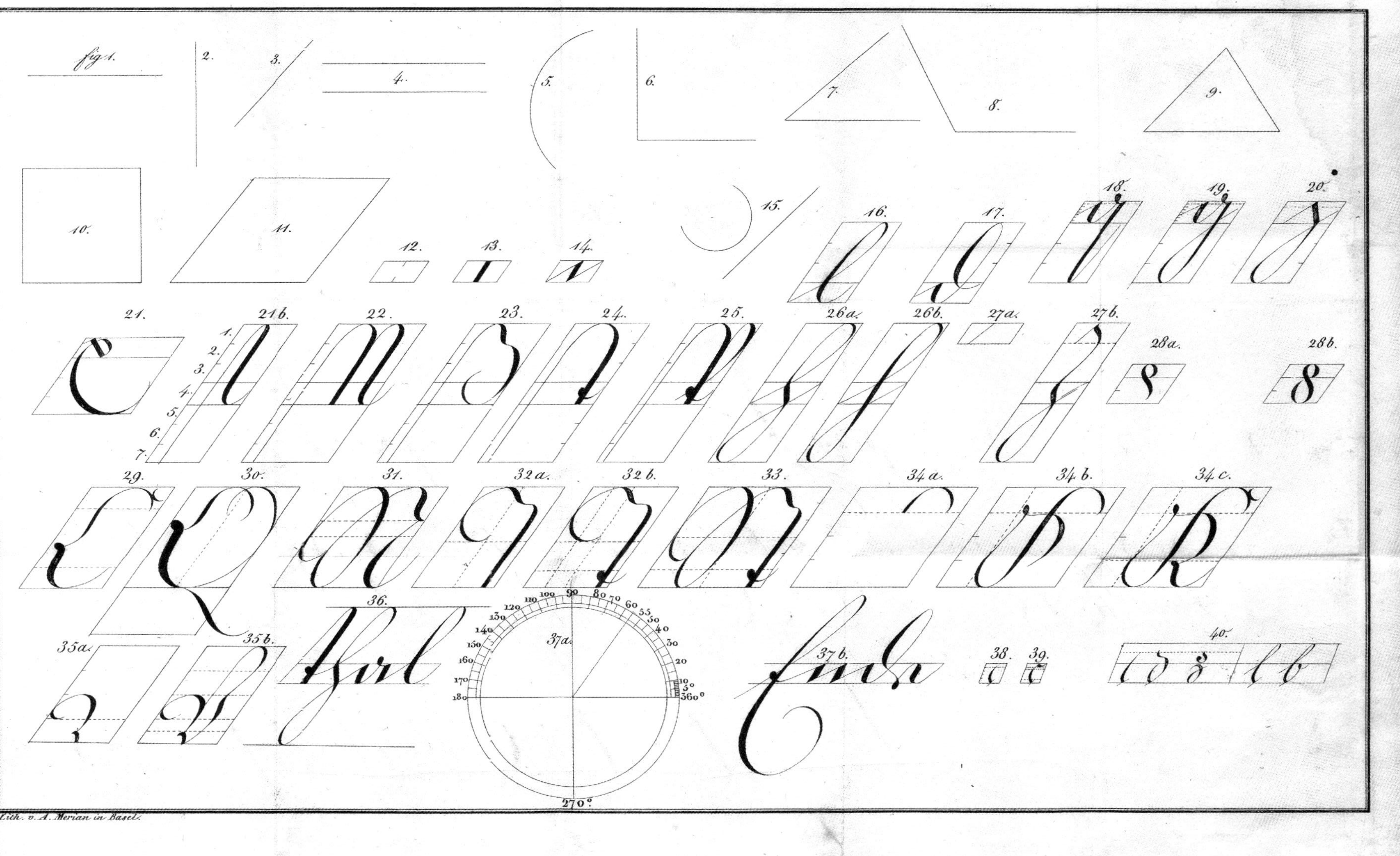
fig. 1.
2.
3.
4.
5.
6.
7.
8.
9.
10.
11.
12.
13.
14.
15.
16.
17.
18.
19.
20.
21.
21 b.
22.
23.
24.
25.
26 a.
26 b.
27 a.
27 b.
28 a.
28 b.
29.
30.
31.
32 a.
32 b.
33.
34 a.
34 b.
34 c.
35 a.
35 b.
36.
37 a.
37 b.
38.
39.
40.
270°
Lith. v. A. Merian in Basel.

Neben der deutschen Kurrentschrift für rasche Niederschriften im privaten Bereich gab es noch die Kanzleischrift oder Kanzleikurrent. Optisch gesehen stand sie zwischen der Fraktur als Druckschrift und der deutschen Schreibschrift. Ihre Majuskeln waren Ersterer entnommen, die Minuskeln Letzterer entlehnt. Sie war die offizielle Schreibschrift für Kanzleien und Ämter ihrer Zeit, verwendet für Diplome, Urkunden und alle anderen amtlichen Dokumente. Wie schon die Jahrhunderte zuvor waren Verzierungen ein Muss und ihr wurden viele kalligrafische Schwünge und Schleifen hinzugefügt – was die Schreibgeschwindigkeit erheblich beeinträchtigte. Nach dem Barock im Laufe des 18. und 19. Jahrhunderts reduzierten sich die ornamentalen Ausschweifungen immer mehr und die Kanzleischrift ging allmählich in die gewöhnliche Handschrift über.

Die Kurrentschrift des 17. und 18. Jahrhunderts präsentierte sich nach wie vor in formenreicher Vielfalt – mal verschnörkelt, mal streng, mal runder, mal spitzer. Allgemeingültige Regeln bildeten sich nur gemächlich aus. Die nach rechts geneigte Lage – die uns heute typisch erscheint – setzte sich schließlich durch und wurde gebräuchlich. Aufgrund ihrer scharfkantigen Winkel wurde sie auch als Spitzschrift bezeichnet. Der Wechsel von feinen Haar- und dickeren Schattenstrichen – ebenfalls charakteristisch – wurde wiederum durch den Druck auf den Federkiel ausgeübt. Der zur Spitzfeder zugeschnittene Kiel spreizte sich bei vermehrtem Druck an der Spitze und hinterließ eine breitere Tintenspur auf dem Blatt Papier.

Der Gänsekiel war bis ins 19. Jahrhundert hinein das Schreibgerät Nummer eins. Erst die industriell hergestellten Stahlfedern, die im ersten Halbjahr dieses Jahrhunderts aufkamen, dämmten den massenhaften Verbrauch an Federkielen ein (Sie erinnern sich an die etwa 50 Millionen Federkiele in Deutschland jährlich?). Dabei hätte der Gegensatz zwischen den weichen Vogelfedern und den steifen Stahlfedern vom Schreibgefühl kaum größer sein können. Eine Erleichterung dürfte gewesen sein, dass das lästige Federschneiden, das ständig vonnöten war, wegfiel. Weniger angenehm war, dass bei den spitzen Stahlfedern ein ständiger Druckwechsel ausgeübt werden musste. Die ersten Stahlfedern, wie die von Johannes Jansen* 1748 in Aachen entwickelten, waren keine wirkliche Verbesserung. Eben jener Druckwechsel in Kombination mit einer rauen Papieroberfläche führte regelmäßig zu Löchern – besonders bei ungeübten Schreibern. Außerdem ließ er die Hand schneller verkrampfen, was einer sauberen Ausführung nicht

* *In den verschiedenen Ländern experimentierten viele Personen zeitgleich an der Entwicklung von Stahlfedern.*

{89} Oben: Ein sogenanntes Familienbuch, in dem die familiäre Herkunft über mehrere Generationen hinweg dokumentiert wurde

{90} Ganz links und links: Feldpost an die Familie aus dem Ersten Weltkrieg

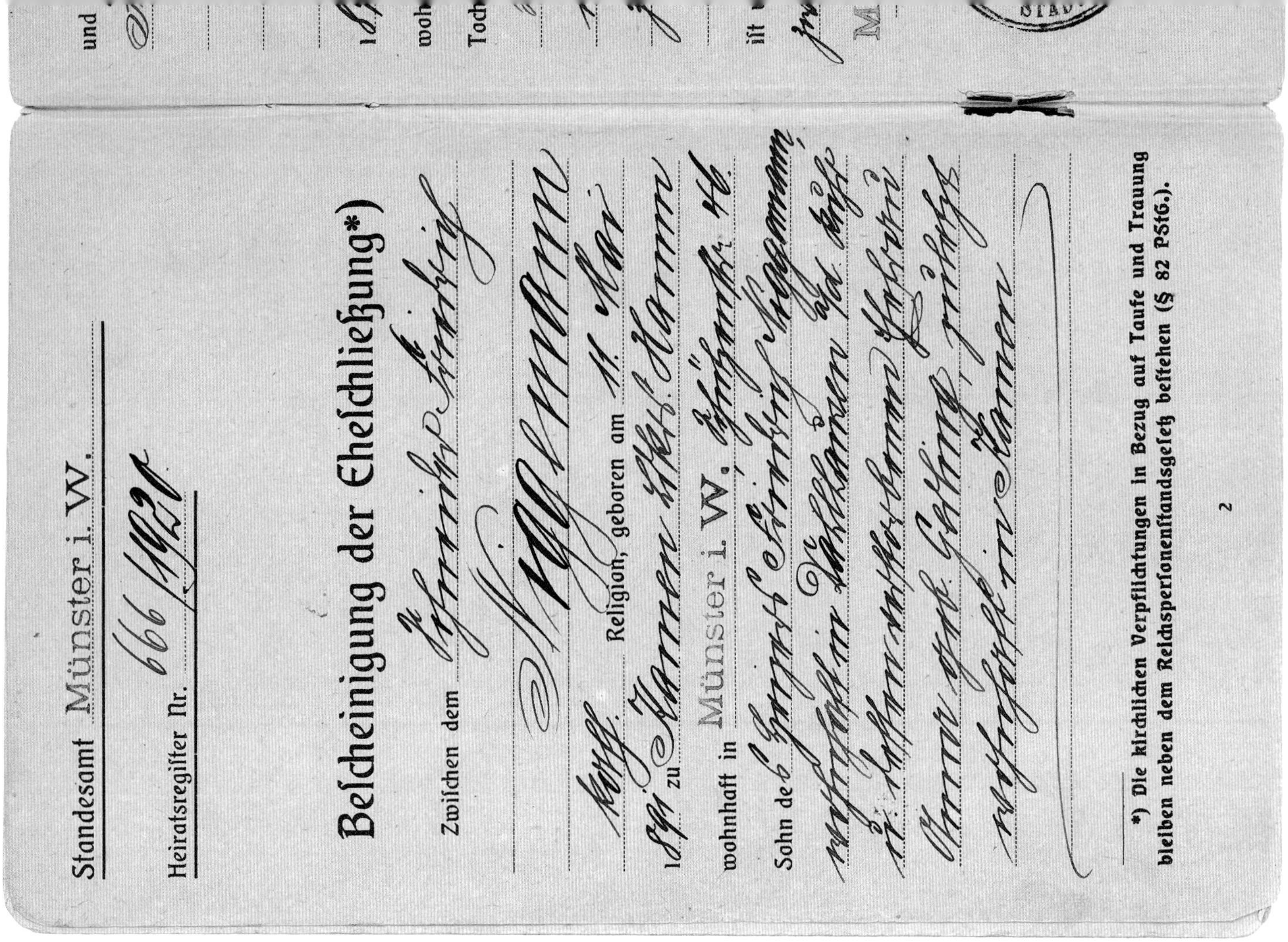

{91} Oben: Eine Innenansicht des Familienbuchs; als Personenstandsbücher wurden Eheschließungen in ihnen beurkundet und gemeinsame Kinder verzeichnet.

{92} Rechts und ganz rechts: Die in der deutschen Kurrent beschriebenen Rückseiten der Feldpostkarten.

zuträglich war. (Hinzu kam, dass zu Beginn jede Feder einzeln von Hand gefertigt werden musste.)

Das Schulwesen und die allgemeine Schulbildung breiteten sich im Laufe des 18. Jahrhunderts stetig aus. Der Beruf des Schreibmeisters ging über in den schulischen Schreiblehrer – Schreiben wurde Allgemeingut. Allerdings war man sich damals schon nicht einig über die zu lehrende Schriftvorlage und es wurden unterschiedliche Formen der Kurrentschrift als Grundlage gelehrt. Irgendwann im Laufe des Jahrhunderts normte Preußen die deutsche Schulschrift – Vorbild war die Kurrentschrift mit ihrem typisch spitzen Schriftbild. Von einer vereinheitlichten deutschen Schreibschrift war man trotzdem noch weit entfernt.

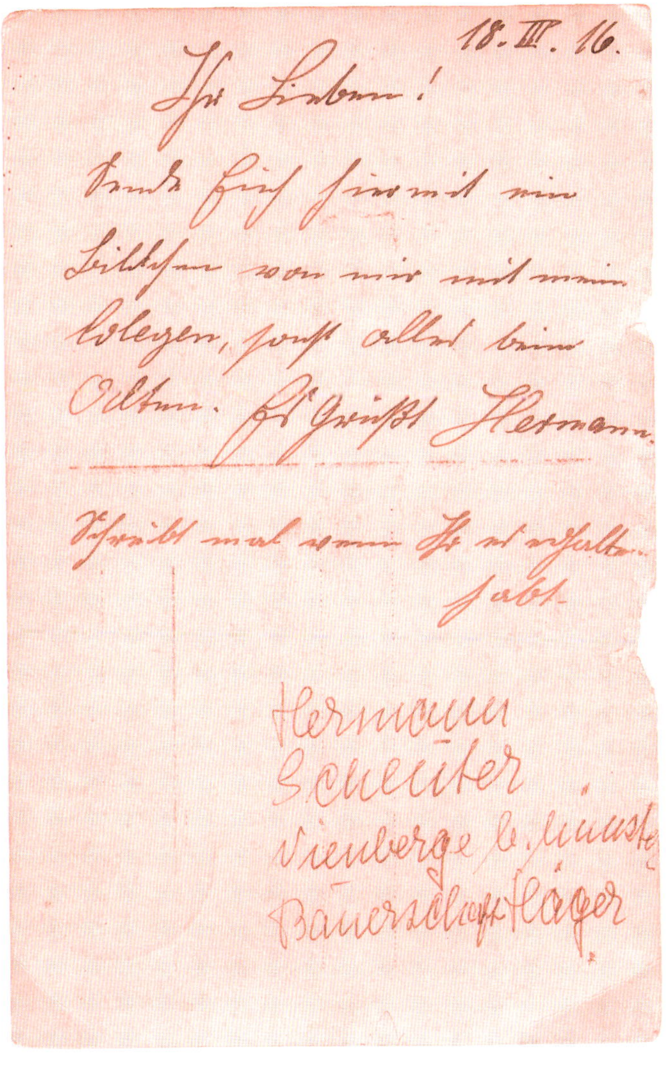
18. III. 16.

Ihr Lieben!

Sende Euch hiermit ein Bildchen von mir mit mein Kollegen, sonst alles beim Alten. Es grüßt Hermann.

Schreibt mal wenn Ihr es erhalten habt.

Hermann Scheuter
Nienberge b. Münster
Bauerschaft Häger

Die Einführung der industriell hergestellten Stahlfedern sowie das Normen von Schriften für schulische Zwecke sehen viele Schriftkunstliebhaber als geschichtlichen Tiefpunkt der europäischen Kalligrafie an. Gleichzeitig führte die Schulpflicht jedoch dazu, dass so viele Menschen wie nie zuvor das Lesen und Schreiben erlernten.

Die sogenannte Neuzeit (in der wir uns gegenwärtig noch befinden) umfasst mehrere bewegte Jahrhunderte, die große Veränderungen mit sich brachten. Die Schriften wurden stets durch den jeweiligen Zeitgeist geprägt und beeinflusst. Geht man die einzelnen Epochen der Neuzeit durch, von der Renaissance über Barock und Rokoko hin zu Klassizismus und Romantik, begegnen uns zeittypische Charakteristika nicht nur in der Kunst und Architektur, sondern auch in den Schriften. Abgesehen von diesen Epochen gab es geschichtliche Großereignisse wie die Reformation oder die Bauernkriege, aber auch die Industrialisierung sowie der Erste Weltkrieg fallen in die Zeitspanne, in der die deutsche Schreibschrift genutzt wurde. In vielen Familien – meine ist da keine Ausnahme – sind noch Erinnerungsstücke in Kurrentschrift von den Groß- und Urgroßeltern erhalten, sei es in Form von Briefen, Tagebüchern, Poesiealben oder Feldpostkarten.

Vielleicht entsprach es auch dem Zeitgeist, die deutsche Schrift nicht wieder aufleben zu lassen, nachdem sie während Jahrhunderten existiert hatte. Heute ist die deutsche Kurrent eine Liebhaberschrift, die bloß noch ein Nischendasein führt. Menschen, die sie einst in ihrer Schulzeit gelernt haben, gibt es nur noch wenige.

ner. Du zeigst eine bedeut
liche Miene. Mir, dir und wir
sind Fürwörter. Friedrich der Groß
führte während seiner Regierung
mehrere Kriege. Berlin und Stett
sind preußische Städte.

P
0
5.8

12. 8. 1911. № 9. Der Müller mahlt das K
Der Maler malt das Bild. Im Herb
ste stehen die Saatfelder leer. Halte
Maß in allen Dingen. Der zahm
Rabe stiehlt dem Goldschmied ein
Ring. Es ist wahr, diese Ware ist
rar geworden. Christus setzte das
Abendmahl ein. Berühmte Männer

Klasse: **Nr. der Gruppe:**

Zeugnis

für die Zeit von Michaelis bis Ostern 1933

Betragen: }
Ordnung: } gut
Fleiß: }
Aufmerksamkeit: im ganzen gut
Versäumnisfälle: a. entschuldigte: 9
b. unentschuldigte:
Zu spät gekommen:
Leistungen in:

Religion: im ganzen gut
Lebenskunde:
Deutsch
a. Lesen: fast gut
b. Rechtschreibung und Sprachlehre: mangelhaft
c. Mündlicher Gedankenausdruck } genügend
d. Schriftlicher " } und besser
Rechnen: im ganzen gut
Raumlehre: genügend

Heimatkunde:
Erdkunde: genügend
Geschichte: genügend und besser
Naturgeschichte: } genügend
Naturlehre: }
Schreiben: genügend
Zeichnen: im ganzen gut
Singen: mangelhaft
Turnen: genügend
Handarbeiten:
Hauswirtschaftskunde:

Bemerkungen: A. ist in der letzten Zeit häufig unaufmerksam. Daher auch die vielen Fehler. Sonst hatten sich seine Leistungen in manchen Fächern gebessert. Versetzt: 7. Schuljahr

Wenigensömmern, Ostern 1933.

Der Schulleiter. **Der Klassenlehrer.**

Unterschrift der Eltern.

Otto Pfeiffer Wittmann.

{93} Links: Ein Diktatheft aus dem Jahr 1911.

Rechts: Seite aus einem Zeugnisheft von 1933.

Die Herstellung von Stahlfedern

Von der Stahlplatte zur Feder

Die Industrialisierung, die in England zu Beginn des 19. Jahrhunderts einsetzte, machte auch vor den Schreibgeräten nicht halt. Die maschinelle Herstellung von Federn aus Stahlblech war schon bald in vollem Gange (1830 in England, 1856 in Deutschland). Zwölf Schritte waren nötig, um aus einem einfachen Blech eine Schreibfeder entstehen zu lassen:

1. **Ausstanzen:** Aus einem Stahlstreifen wurden (platzsparend) kleine Federplättchen ausgestanzt.
2. **Stempeln:** In die Grundformen wurden die Firma und eine Nummer eingestempelt.
3. **Langlochen:** In der Mitte erhielten die Federplättchen ein Loch, das je nach Feder und Firma unterschiedlich geformt sein konnte und die Schwingfähigkeit verbesserte.

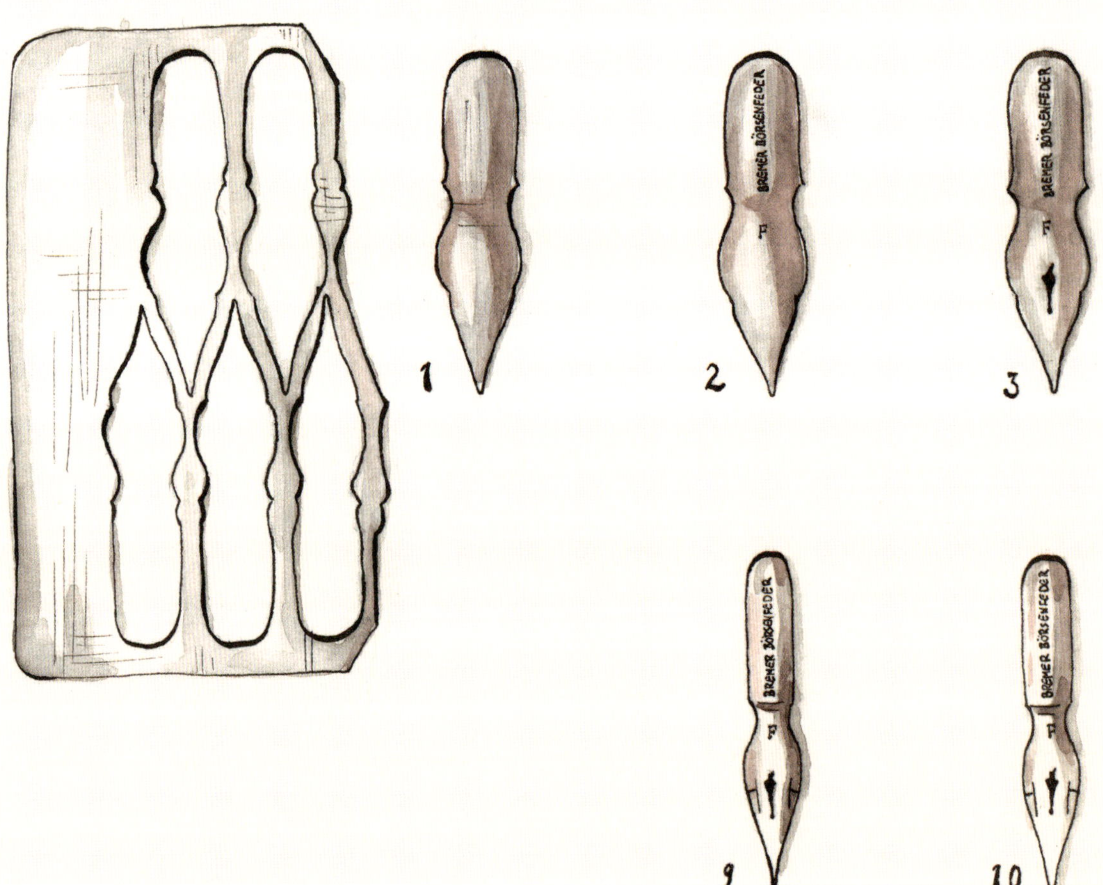

4. **Querlochen:** Für mehr Elastizität der späteren Feder wurden die Plättchen seitlich eingeschlitzt.
5. **Glühen:** In einem Glühofen wurden die Federplättchen erhitzt, damit sie leichter zu formen waren.
6. **Biegen:** In speziellen Pressen wurden die weichen Plättchen durch Biegung in Form gebracht.
7. **Härten:** Durch erneutes Erhitzen und schockartiges Abkühlen wurden die noch weichen Federn gehärtet.
8. **Ablassen (Tempern):** Durch allmähliches Erhitzen über einem Feuer gewannen die Federn langsam an Elastizität.
9. **Blankscheuern:** Das Blankscheuern und Reinigen erfolgte in eisernen Trommeln, um jede raue Kante zu entfernen.
10. **Schleifen:** Die Federn wurden mithilfe von Schmirgelscheiben an der Spitze etwas abgeschliffen als Vorbereitung auf das Spalten.
11. **Spalten:** Mit Pressen, die wie Scheren arbeiteten, wurden die Federn am Federschnabel gespalten, genauso wie der frühere Federkiel.
12. **Färben:** Durch erneutes Erhitzen über Feuer oder durch ein Verfahren zur Beschichtung von Metallen erhielten die Federn ihre endgültige Farbe und wurden mit einem Lackfirnis gegen Rost geschützt.

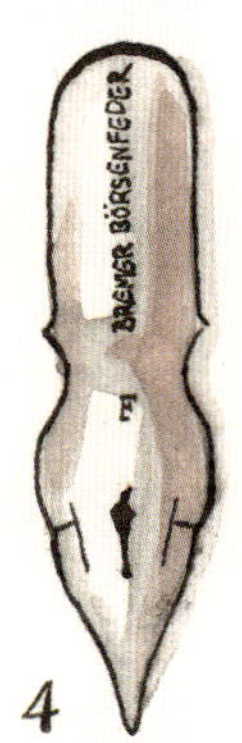

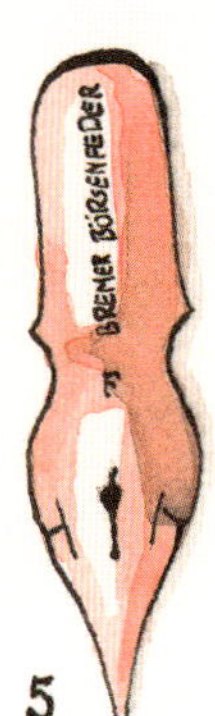

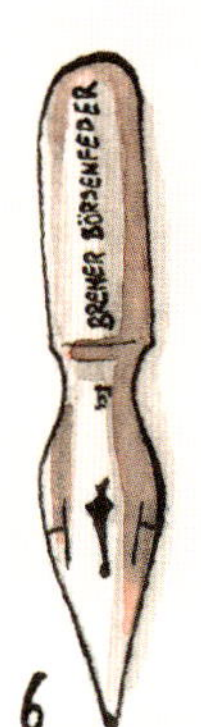

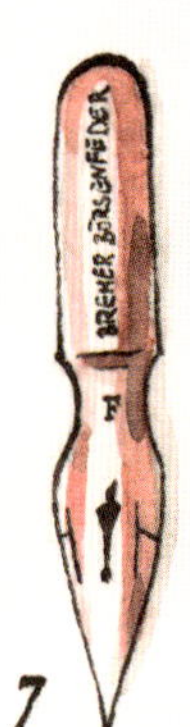

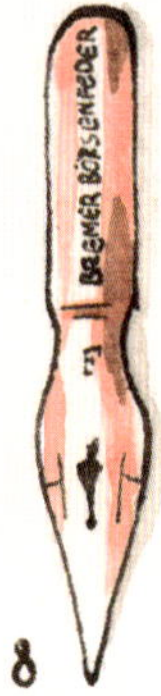

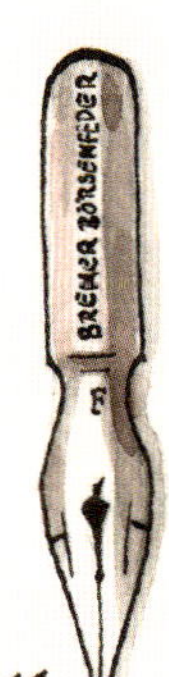

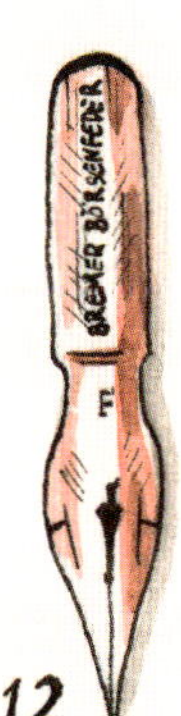

{94} Die einzelnen Arbeitsschritte der Stahlfeder-Herstellung: Abgebildet ist die Bremer Börsenfeder von Brause & Co. (heute nur noch Brause).

Die ersten Stahlfedern, die hergestellt wurden, waren die klassischen Spitzfedern mit dem für sie typischen Schwellzug – den an- und abschwellenden Linien durch Druck. Sie werden noch heute gerne als Zeichenfedern verwendet.

3.

Reformen des 20. Jahrhunderts

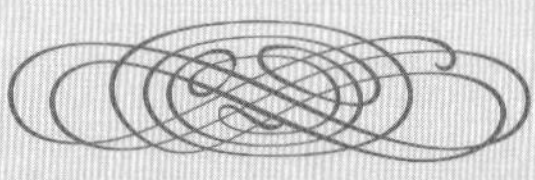

I. Sütterlins neue Schrift

Ludwig Sütterlin: 1865 – 1917

{95} Links: Porträt von Ludwig Sütterlin

{96} Rechts: Front von Sütterlins Buch »Neuer Leitfaden für den Schreibunterricht« von 1917

* Sütterlin entwarf unter anderem das erste Markenzeichen der Elektrofirma AEG, er gestaltete Werbegrafiken, gelegentlich Gläser, Vasen und Lederarbeiten.

Für geübte Schreiber war das Schreiben mit den neuen Stahlfedern aufgrund ihrer anstrengenden Handhabung schwierig, für ungeübte konnte es eine regelrechte Quälerei werden. Diesem Zustand sollte zu Beginn des 20. Jahrhunderts endgültig Abhilfe geschaffen werden – sowohl Pädagogen als auch Schriftkünstler widmeten sich diesem Problem.

Zu Zeiten des letzten deutschen Kaisers Wilhelm II. betraute das Preußische Kultusministerium den Berliner Grafiker Ludwig Sütterlin* 1911 mit der Aufgabe, eine moderne, leicht erlernbare Schreibschrift zu entwickeln. Passend zum preußischen Staat und seiner Bildungspolitik sollte das Erlernen der Schreibschrift vereinheitlicht werden mit einer verbindlich geregelten Schreibweise. So gestaltete Sütterlin die nach ihm benannte Schrift zum Schrifterwerb durch die Vermittlung von Vorschul- und Volksschullehrern. Sie ist jedoch keineswegs als eigenständige neue Schreibschrift zu verstehen, sondern als Abwandlung der Kurrentschrift. Diese stellte er aufrecht auf die Grundlinie, strich viele Schwünge und Schnörkel aus dem Schriftbild und setzte die Ober-, Mittel- und Unterlängen ins Verhältnis 1:1:1 und voilà: Die Sütterlin ward geboren. Alle vorgenommenen Veränderungen entstanden unter dem Aspekt, eine Schreibanfängerschrift für Kinder zu entwickeln, ausgerichtet auf die kindliche Handanatomie und Schreibhaltung, die sich noch deutlich von der einer erwachsenen Person unterscheidet. Daher wurde auch die Spitzfeder als Schreibgerät durch die Gleichzug- oder Redisfeder ersetzt, mit der durchgängig gleichbleibende Linien erzeugt wurden. Der typische Druckwechsel der Spitzfeder wurde als unnötige und zu starke Belastung der Kinderhand angesehen.

Bei der Sütterlinschrift war die Ästhetik von nachrangiger Bedeutung, weil sie nur zum Erlernen der Formen und somit als Grundlage für eine spätere individuell ausgeformte Handschrift dienen sollte. In den ersten beiden Jahrgängen hatten die Kinder die Schrift streng nach Vorschrift auszuführen, erst später wurde eine leichte Neigung zugunsten des

Neuer Leitfaden für den Schreibunterricht

von Ludwig Sütterlin

Verlag Albrecht-Dürer-Haus · Berlin

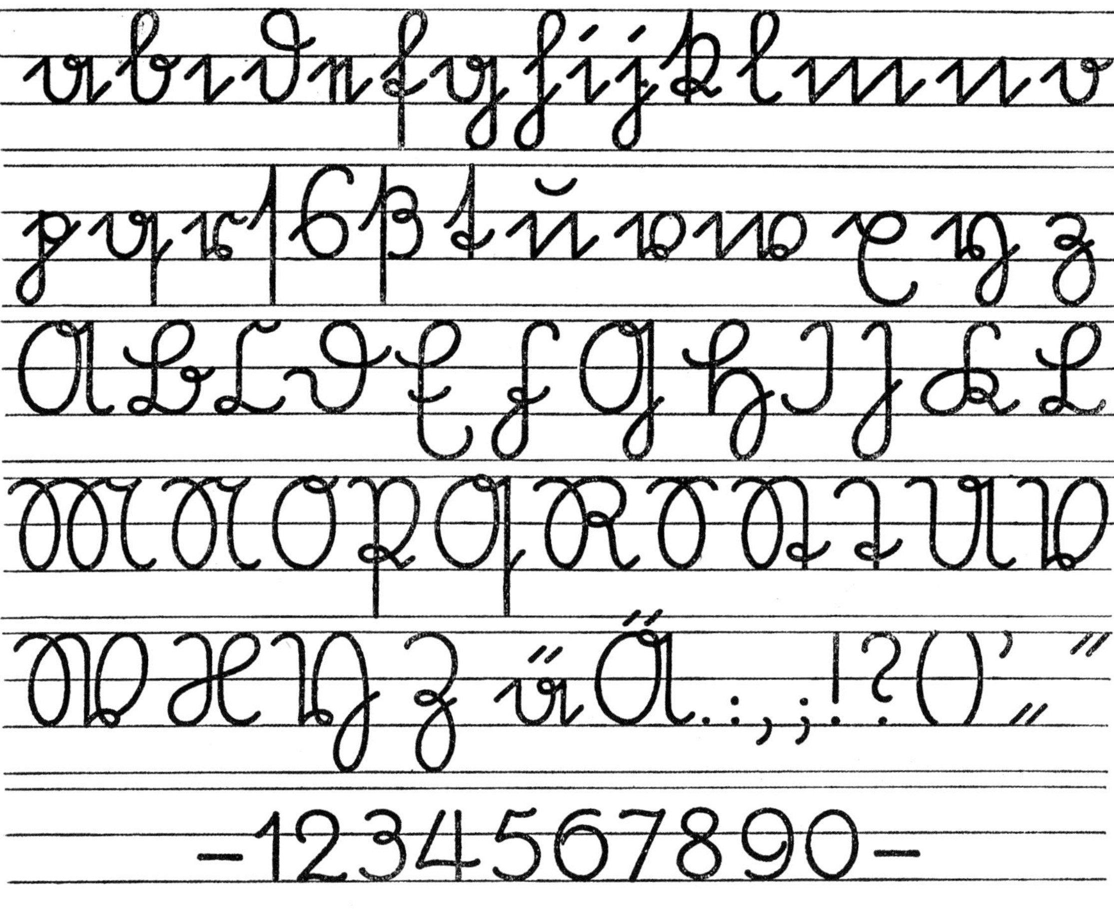

flüssigen Schreibens akzeptiert. Das bedeutet, dass es eine »reine« Sütterlinhandschrift gar nicht gibt, weil die Sütterlinschrift nur das Muster ist, nach dem gelehrt und geübt wurde – eine Schulausgangsschrift. Trotzdem sieht man vielen späteren Handschriften ihr Vorbild noch an, vor allem im Vergleich mit Kurrenthandschriften von vor Anfang des 20. Jahrhunderts.

Vernachlässigt wurde oft die Tatsache, dass Sütterlin nicht nur eine Schrift nach deutschem, sondern eine zweite, ihr optisch entsprechende Schrift nach lateinischem Vorbild schuf. (Die eigentlich auch als Sütterlinschrift bezeichnet werden könnte, aber irgendwie schon immer unter den Tisch fiel.)

{97} *Links: Die deutsche Vorlage des Sütterlin-Alphabets für Schreibanfänger*

Rechts: Als Gegenstück dazu die lateinische Vorlage des Sütterlin-Alphabets

Die deutsche Sütterlinschrift wurde ab 1914 in einigen Berliner Schulen erprobt, zehn Jahre danach wurde sie in ganz Preußen zum verbindlichen Standard. Um 1930 waren die meisten anderen deutschen Länder der Anregung Preußens gefolgt und Sütterlins Werk hielt im übrigen Deutschland Einzug. Der Erlass für eine einheitliche Schreibschrift an allen Schulen folgte 1934. Die ab 1926 in Österreich verwendete Schulausgangsschrift – entworfen von Alois Legrün – war verwandt mit der Sütterlinschrift. In der Schweiz waren unterschiedliche Schriften im Einsatz (oftmals je nach Kanton). Erst der Baseler Lehrer Paul Hulliger entwickelte mit seiner Hulliger-Schrift ein Modell, das 1926 in Basel

{98}
Ausschnitt aus einem alten Kochbuch, das zum größten Teil in der deutschen Schrift nach Sütterlins Vorbild verfasst wurde

Wer will unter die Soldaten,
der muß haben ein Gewehr,
das muß er mit Pulver laden
und mit einer Kugel schwer.

Der muß an der linken Seiten
einen scharfen Säbel ha'n,
daß er, wenn die Feinde streiten,
schießen und auch fechten kann.

Einen Gaul zum Galoppieren
und von Silber auch zwei Spor'n,
Zaum und Zügel, zu regieren,
wenn er Sprünge macht im Zorn.

und ab 1936 in zehn weiteren Schweizer Kantonen gelehrt wurde und somit zu einer teilweisen Vereinheitlichung führte. Ludwig Sütterlin selbst erlebte nur noch die Probezeit seiner Schrift, bereits 1917 starb er in Berlin, vermutlich an den Auswirkungen des Ersten Weltkriegs auf seine Heimatstadt.

Bemerkenswert ist, dass die deutsche Kurrentschrift im Schriftverkehr mit Behörden nach wie vor zulässig ist. Dies zeigt ein Gerichtsurteil* aus dem Jahr 2009. Das Oberlandesgericht Celle hat die Justizvollzugsanstalt in Celle dazu verurteilt, einen einsitzenden Häftling nicht zu benachteiligen, weil er die Briefe an seine Verlobte in der deutschen Schreibschrift verfasste. Die Justizvollzugsanstalt war der Meinung, der Kontrollaufwand sei zu hoch und der Häftling sollte entweder in der lateinischen Schreibschrift korrespondieren oder die Übersetzung bezahlen, und hatte mit dieser Begründung den Briefverkehr gestoppt. Letzteres darf nur unter der Voraussetzung geschehen, dass es sich um eine geheime, unleserliche oder unverständliche Schrift handelt, was jedoch (laut Gericht) nicht auf die deutsche Schreibschrift zutrifft.

Noch ein kurzes Schlusswort zu den Begriffen »Sütterlin« und »Kurrent«: Viele Menschen bezeichnen aus Unwissenheit jedes Schriftstück in der deutschen Schreibschrift als in Sütterlin geschrieben. Wie schon erwähnt, ist die Sütterlin als Schulschrift anzusehen, die auf der Kurrentschrift basierte (die, wie Sie sich bestimmt erinnern, schon seit dem 16. Jahrhundert geschrieben wurde) und daher nur eine neue Ausprägung darstellte. Weil Ludwig Sütterlin von vielen als Erneuerer der deutschen Schreibschrift gefeiert wurde (wenn auch erst nach seinem Tod), wurde auch die Bezeichnung Sütterlinschrift sehr populär.

* *Beschluss vom OLG Celle, Aktenzeichen 1 Ws 248/09 (StrVollz)*

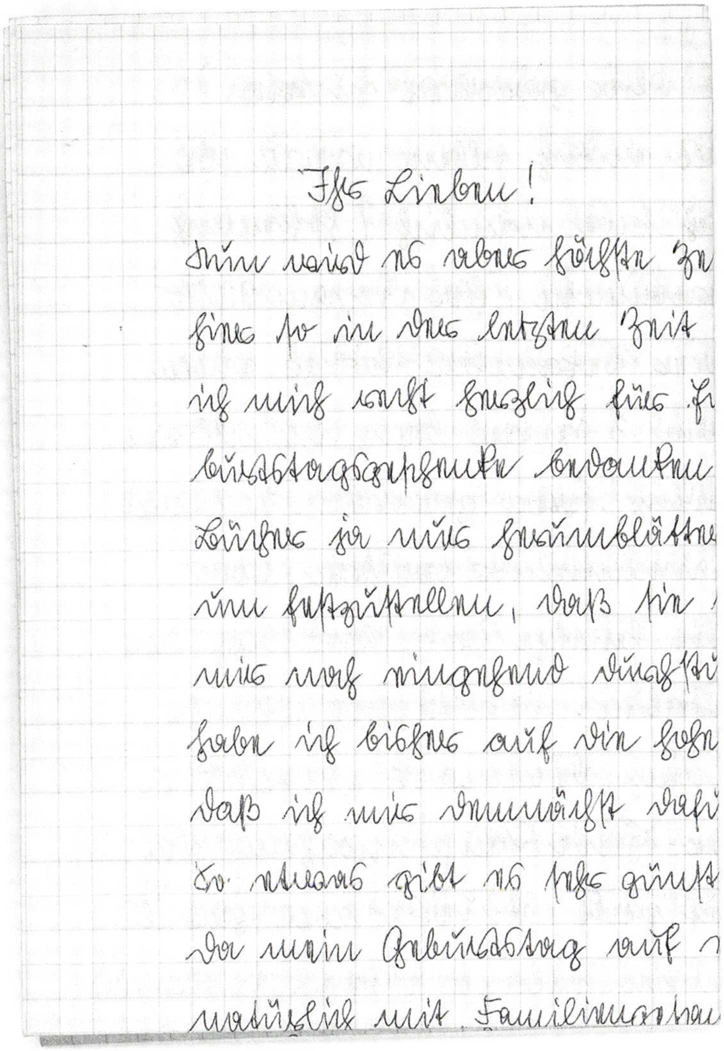

{99} Links: Eine Textprobe, geschrieben in zusammenhängender Kurrentschrift mit Kugelspitzfeder, aus Sütterlins Anleitung

{100} Oben: Ein Ausschnitt aus einem Brief von 1970; augenscheinlich hat der Schreiber die Kurrent nach Sütterlins Vorlage gelernt, worauf die aufrechte und rundliche Schreibweise hindeutet.

WOLFGANG FEDERAU
Sybille und ihr Soldat
FRANZ SCHNEIDER VERLAG
W. FEDERAU · Sybille und ihr Soldat

{101}
Links: Der Titel des Buches »Sybille und ihr Soldat« von Wolfgang Federau ist noch in der deutschen Kurrent gedruckt. Erschienen ist das Buch 1940 im Franz Schneider Verlag.

{102}
Rechts: Ein Blatt mit dem Liedtext »Hörst Du die Landstraß'«, das Teil des »Sankt Georg – Liederbuch deutscher Jugend« war. Der Zettel lag lose in dem links gezeigten Buch.

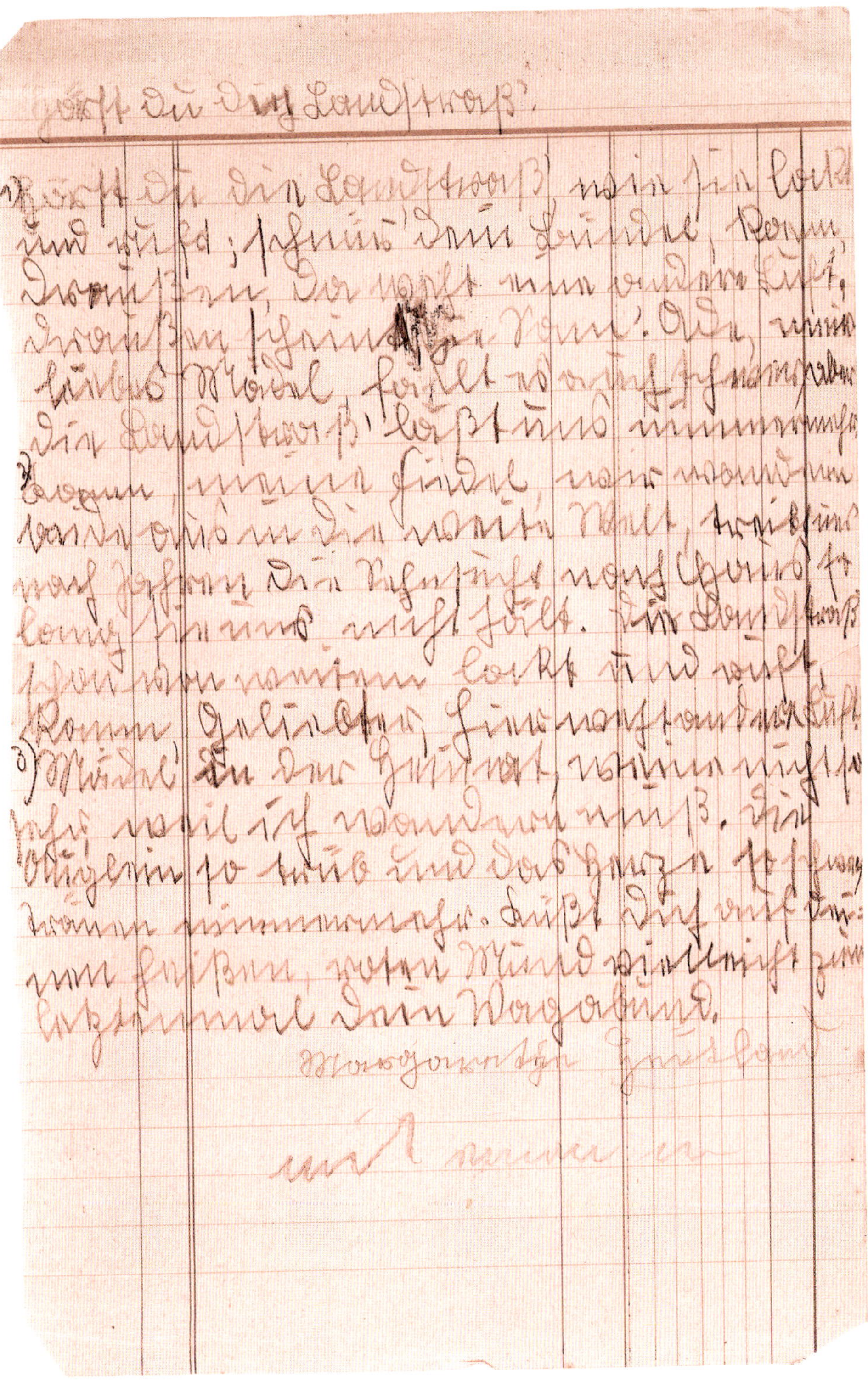
Hörst du die Landstraß'

Platte, Pfanne & Kugelspitze

Federn für Schreibanfänger

Neben Sütterlins formalen Anpassungen der deutschen Schrift zur Ausgangsschrift war eine seiner wichtigsten Neuerungen die Einführung der Redisfeder für Schreibanfänger. Ihre gleichbleibend breite Tintenspur wurde als Schnurzug oder Gleichzug bezeichnet, weshalb sie auch heute noch unter Schnurzug- oder Gleichzugfeder bekannt ist. Die kontrastlose Linie eignet sich gut zum Üben von Buchstaben und ihren Proportionen.

Eine klassische Variante ist die Plattenfeder mit ihrer charakteristischen runden Scheibe als schreibende Federspitze. Für den Gleichzug muss die Kreisplatte mit der gesamten Fläche auf dem Papier aufliegen, der dann unabhängig von der Bewegungsrichtung entsteht. Die Strichdicke ist demnach abhängig vom Durchmesser der Platte, die es in unterschiedlichen Ausführungen gibt. Die heutigen Plattenfedern sind oft mit einer Ober- und Unterfeder ausgestattet. Sie sollen dafür sorgen, dass mehr Tinte gehalten wird und gleichmäßiger aus der Feder fließt. Beim schnellen Schreiben ist es ratsam, die Federn zu trennen, um einen stärkeren Tintenfluss zu ermöglichen.

Die Plattenfeder bereitete den Weg für ein weiteres Modell: die Pfannenfeder. Bei ihr werden die Ränder der plattenförmigen Spitze nach oben umgebogen – was aufbörteln genannt wird –, wodurch eine Pfannenspitze entsteht. Weil sie (egal wie die Spitze aufgesetzt wird) richtungsunabhängig und ohne besondere Anstrengung einen fast gleichbleibenden Strich zeichnet, ist sie für Schreibanfänger besonders gut geeignet.

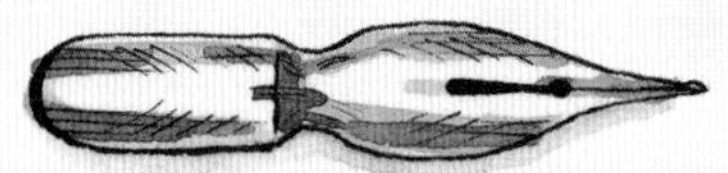

Nicht zuletzt gibt es noch die Kugelspitzfeder, die besonders für schmalere Schriftzüge verwendet wird. Die Kugelspitze ist eine eiförmige Mulde, die in die Federspitze eingegraben ist. Sie eignet sich gut für Schulkinder, wird aber auch von Erwachsenen gerne genutzt.

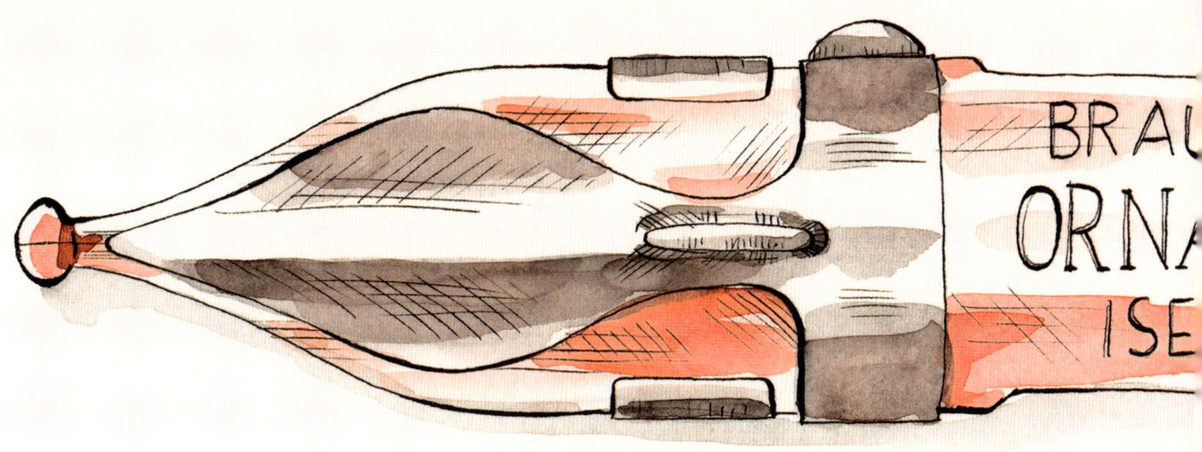

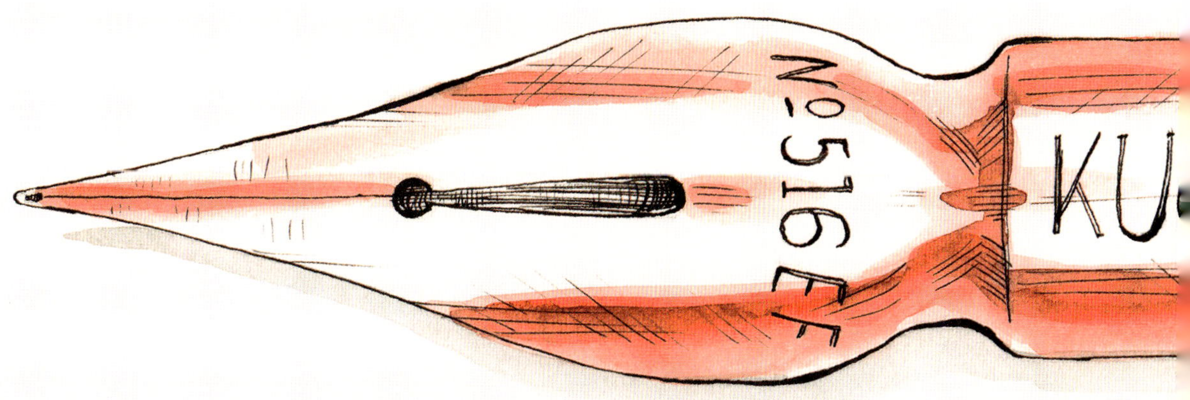

{103} *Die unterschiedlichen Federarten von oben nach unten: Plattenfeder, Pfannenfeder und Kugelspitzfeder*

II. Die Offenbacher Schrift

Rudolf Koch: 1876 – 1934

Nicht nur Preußen, auch die Hessische Oberschulbehörde bemühte sich um eine neue Grundlage für den Schreibunterricht an Schulen. 1926 trat sie an den erfolgreichen deutschen Schriftkünstler Rudolf Koch* mit der Bitte heran, aufgrund seiner langjährigen Erfahrung an einer Reformation des Unterrichts mitzuarbeiten. Koch nahm die Herausforderung an und entwarf die Offenbacher Schrift, auch Rudolf-Koch-Kurrent genannt. Sie entstand in Zusammenarbeit mit einer größeren Anzahl an Lehrern innerhalb zweier Schreibkurse im Frühjahr 1927. Einsetzbar auf Schiefertafel mit Griffel und später mit breiter Stahlfeder auf Papier, war sie ein neuer Ansatz für eine Schulschrift. Genau wie Sütterlin wollte Koch eine Schrift entwerfen, die dem Schreiber leicht von der Hand gehen sollte; doch im Gegensatz zu Sütterlins Ansatz legte er großen Wert auf die Schriftästhetik. Grundsätzlich sprach er sich dafür aus, dass seine Schriftvorlage bis einschließlich der vierten Klasse bindend sein sollte. Statt mit der Spitz- sollte sie mit der Breitfeder (nach Vorbild der breit zugeschnittenen Federkiele aus früheren Zeiten) geschrieben werden. Diese Feder macht den Druckwechsel ebenfalls unnötig und ergibt trotzdem ein kräftiges und charakteristisches Schriftbild. (Persönlich schätzte Rudolf Koch die Breitfeder als Schreibinstrument für seine Arbeit als Schriftgestalter sehr.) Die Verteilung von Ober-, Mittel- und Unterlängen zueinander steht im Verhältnis von 2:3:2, also mit deutlicher Betonung der Mittelhöhe. Des Weiteren wurde die Offenbacher mit einer leichten Schräglage geschrieben, und

* *Rudolf Koch war ein Typograf, Grafiker und Kalligraf, der sich viel mit gebrochenen Schriften auseinandersetzte. Im Laufe seiner Karriere schuf er viele neue Schriften in Zusammenarbeit mit der Schriftgießerei Gebr. Kingspor.*

»Nur die Schrift allein
bewahret die göttlichen Gedanken
der weisen Männer
und die Aussprüche der Götter,
ja selbst alle Philosophie und Wissenschaft
und übergibt sie
von Jahrhundert zu Jahrhundert
den kommenden Geschlechtern.«

Diodorus Siculus

{104} Oben: Schriftzug in der Offenbacher Schrift

{105} Rechts: Foto von Rudolf Koch

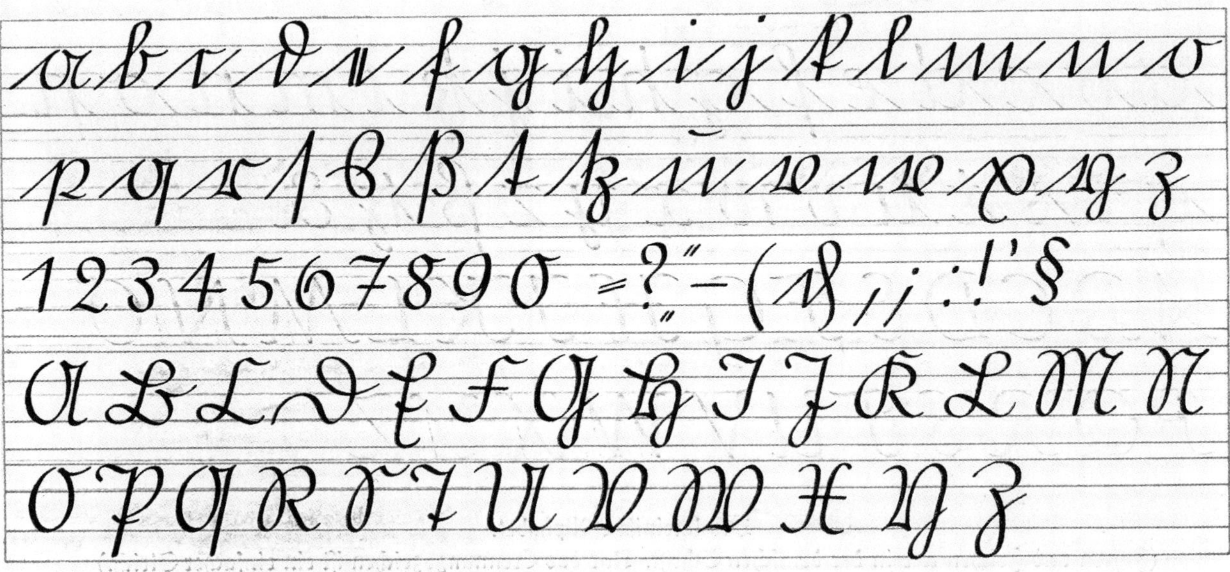

Das deutsche Alphabet der kleinen und großen Buchstaben in ihrer Stellung auf den Linien.

a b c d e f g h i j k l m n o p
q r s t u v w x y z ß tz &
A B C D E F G H I J K L M N O
P Q R S T U V W X Y Z

Das lateinische Alphabet.
(Ziffern und Zeichen wie in der deutschen Schrift. Nur das Trennungszeichen ist ein einfacher Strich.)

{106} *Links: Das deutsche und lateinische Alphabet der Offenbacher Schrift*

{107} *Oben: Die korrekte Linierung und Schräglage zum Schreiben der Offenbacher Schrift*

zwar in einem Winkel von 75 Grad, den Koch als zweckmäßig ansah. Es gab die Koch-Kurrent nicht nur in der deutschen Version, sondern ebenfalls als Lateinschrift.

Verbreitung als Schulschrift fand die Offenbacher Schrift nur im südwestdeutschen Raum, vor allem in Hessen. Sie wurde niemals so bekannt wie Sütterlins Schreibvorlage, die schlichtweg früher eingeführt wurde.

Genau wie alle übrigen deutschen Schriften fand sie durch die Nationalsozialisten im Jahr 1941 ein jähes Ende. Kurzzeitig wurde sie als Zweitschrift nach dem Zweiten Weltkrieg wiederbelebt und blieb in Teilen Hessens und Bayerns bis 1971 in Gebrauch. Die Wiederbelebung ist auf Martin Hermersdorfer, einen Schüler Rudolf Kochs, zurückzuführen, der die Schrift seines Meisters weiterentwickelte, um ein noch klareres Schriftbild zu schaffen.

Werkzeuge für die Offenbacher Schrift

kl. To 634 1/2, To 64, To 74, Toh 7/8

Heintze & Blanckertz Erste deutsche Stahlfederfabrik/Berlin

Werkzeuge für die Offenbacher Schrift

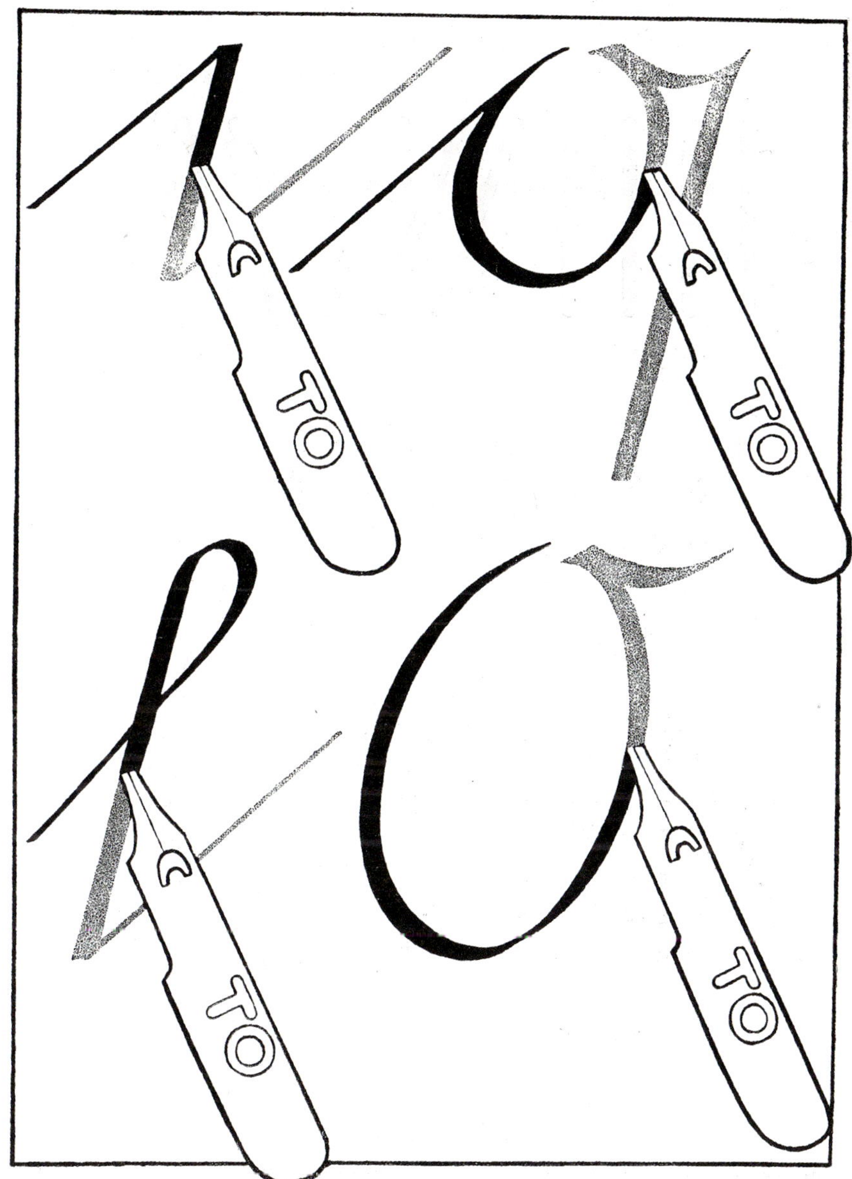

kl. To 634 1/2, To 64, To 74, Toh 7/8

Heintze & Blanckertz Erste deutsche Stahlfederfabrik, Berlin

{108} Zwei Seiten aus »Die Offenbacher Schrift«, die Schreibfedern von Heintze & Blanckertz als Werkzeuge für die gleichnamige Schrift anpreisen

Wechselzug- oder Breitfeder

Der kontrastreiche Strich

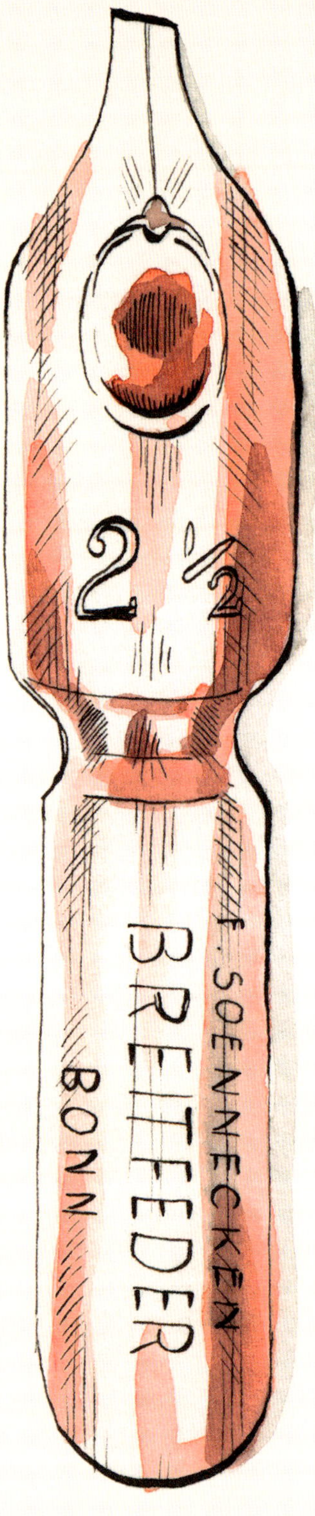

Rudolf Koch bevorzugte von Anfang an die Breitfeder als Schreibinstrument, sowohl für Anfänger als auch für fortgeschrittene Schreiber. Sie ist ebenfalls unter den Bezeichnungen Bandzug- oder Wechselzugfeder bekannt und steht (wie man sich aufgrund des Namens schon denken kann) in starkem Kontrast zum Gleichzug. Gefertigt wurde sie nach dem Vorbild des breit geschnittenen Gänsekiels früherer Zeiten. Der Wechselzug ist nach seinem augenfälligsten Merkmal benannt: dem Aufeinanderfolgen dünner Auf- und breiter Abstriche. Dieser Kontrast ergibt sich durch das breite Federende, ohne dass der Schreiber Druck ausüben muss – ausschlaggebend ist die Bewegungsrichtung. Bei schräg geführten Strichen entspricht die gezogene Linie der schmalen Federkante, während bei annähernd senkrechten Schreibbewegungen die gesamte Federbreite zum Einsatz kommt. Bei Rundungen und Bögen wechselt sie harmonisch von schmalen zu breiten und von breiten zu schmalen Strichen. Bei der

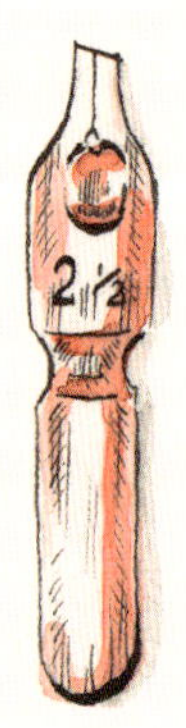

{109} *Links: Eine Breitfeder von F. Soennecken*

Rechts: Plakatfedern für extrem große Schriftzüge in unterschiedlichen Ausführungen

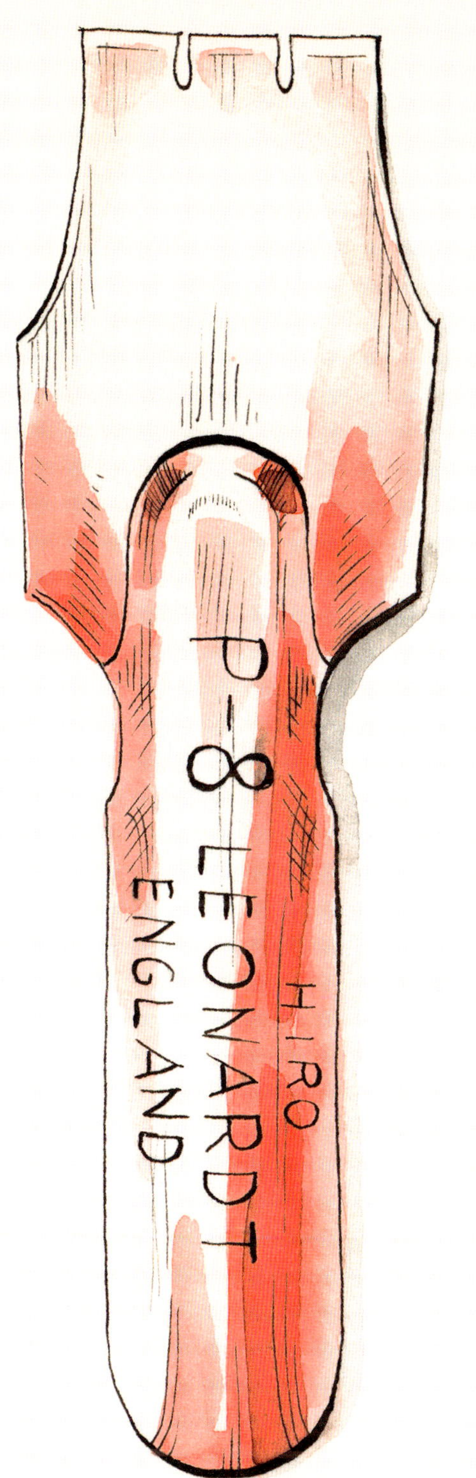

Federhaltung ist zu beachten, dass die Feder bei den schrägen Linien mit ihrer ganzen Breite auf dem Papier aufliegt und nicht parallel zur Grundlinie steht. Breitfedern gibt es in unterschiedlichsten Ausführungen – gerade, rechts- oder linksschräg. Abhängig vom Winkel des Federansatzes in Bezug auf die Schreibrichtung können unterschiedliche Strichstärken und Wechselzüge erzeugt werden. Rechtshänder nutzten meistens gerade oder rechtsschräge, Linkshänder linksschräge Breitfedern. Für besonders große Schriftzüge kamen die extrabreiten Plakatfedern auf den Markt, die ähnlich funktionierten wie ihre kleineren Geschwister. Ein markanter Unterschied ist, dass sie sich nicht nur ziehen, sondern auch schieben lassen.

Das Schreiben mit der Breitfeder erfordert eine gewisse Übung und ist deshalb nicht zwangsläufig die erste Wahl für Schulanfänger. Gleichzeitig ist es gerade der Wechsel der Linienstärken, der dem Schriftbild Lebendigkeit verleiht.

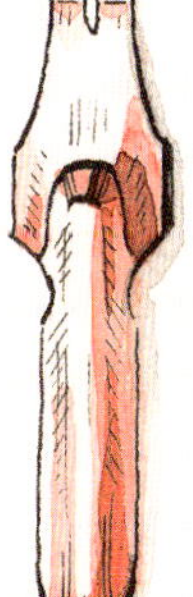

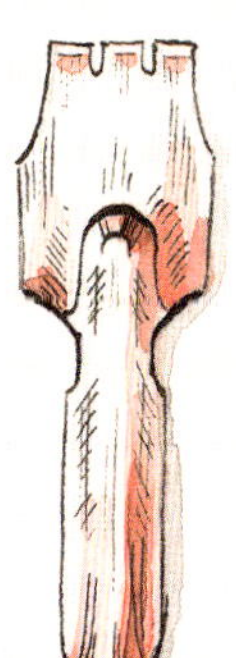

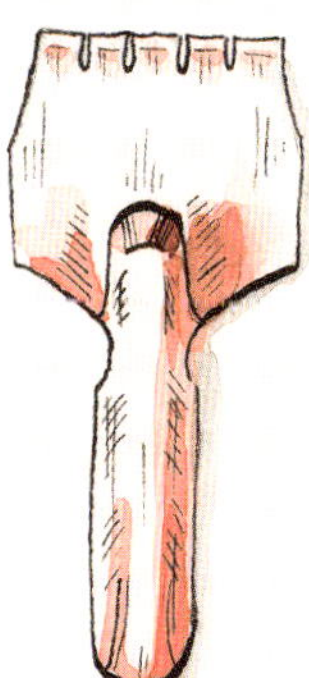

III. Die entarteten Schriften

Drittes Reich: 1933 – 1945

{110} Vorderseite des Bormann-Erlasses von 1941

Zu Beginn des 20. Jahrhunderts bestanden die deutsche und die lateinische Schrift schon seit einer geraumen Zeitspanne nebeneinander. Die Zweischriftigkeit mit ihrer Trennung von deutsch- und fremdsprachigen Werken war alltäglich. Bereits seit Längerem hatte sich ein Streit angebahnt zwischen Befürwortern und Kritikern der deutschen Schriften (Letztere waren überwiegend Anhänger der Antiqua), insbesondere hinsichtlich ihrer Zweckmäßigkeit. Seinen vorläufigen Höhepunkt fand dieser Konflikt in einer Reichstagsabstimmung am 17. Oktober 1911, in der die Abschaffung der deutschen Schriften beantragt, jedoch mehrheitlich abgelehnt wurde. So blieb die nächsten drei Jahrzehnte alles beim Alten. In der Schule erlernten die Kinder weiterhin beide Schriften, wenn auch nach neuen Vorlagen.

Mit der Machtergreifung der Nationalsozialisten sollte diese relative Ausgeglichenheit ein jähes Ende finden. Zu Beginn ihrer verhängnisvollen Regierungszeit gaben die Nazis den deutschen Schriften in jeder Form entschlossen den Vorzug. Am 7. September 1934 wurde per Erlass die deutsche Druckschrift (vorwiegend Fraktur) für amtliche Druckerzeugnisse festgelegt. Doch das Blatt wendete sich, denn mit Kriegsbeginn tauchten die ersten Schwierigkeiten mit der deutschen Schrift auf. Der Leiter des Reichsministeriums für Volksaufklärung und Propaganda Wilhelm Haegert wies darauf hin, dass die Frakturschrift das Lesen deutscher Texte (also Propaganda) im Ausland erschwerte. Er befürwortete daher zu diesem Zweck auf Antiqua-Druckschriften zurückzugreifen. Das war im April 1940, kurz danach begann die deutsche Invasion Frankreichs. Am 3. Januar 1941 wurde das Ende der deutschen Schriften im Dritten Reich durch den sogenannten Bormann-Erlass besiegelt. Dieser (von Hitler beauftragte, aber noch nicht öffentliche) Erlass des Parteisekretärs Martin Bormann verkündete ihre Abschaffung. Ein Auszug dieses Erlasses lautete wie folgt:

»Die sogenannte gotische Schrift als eine deutsche Schrift anzusehen oder zu bezeichnen ist falsch. In Wirklichkeit besteht die sogenannte gotische Schrift aus Schwabacher Judenlettern. Genau wie sie sich später in den Besitz der Zeitungen setzten, setzten sich die in Deutschland ansässigen Juden bei Einführung des Buchdrucks in den Besitz der Buchdruckereien und dadurch kam es in Deutschland zu der starken Einführung der Schwabacher Judenlettern.

(...) Nach und nach sollen sämtliche Druckerzeugnisse auf diese Normal-Schrift umgestellt werden. Sobald dies schulbuchmässig möglich ist, wird in den Dorfschulen und Volksschulen nur mehr die Normal-Schrift gelehrt werden.

Die Verwendung der Schwabacher Judenlettern durch Behörden wird künftig unterbleiben. Ernennungsurkunden für Beamte, Strassenschilder u. dergl. werden künftig nur mehr in Normal-Schrift gefertigt werden.

Dr. Trenkl
5 Abschrift
Sieh!
K

Dr. Scheel

Nationalsozialistische Deutsche Arbeiterpartei

Der Stellvertreter des Führers

München 33, den
Braunes Haus

Stabsleiter

z.Zt. Obersalzberg, den 3.1.1941

Reichs-
Studentenführung
Eing. 9.JAN.41
B.B.Nr
Z.d.A

Rundschreiben

(Nicht zur Veröffentlichung).

Zu allgemeiner Beachtung teile ich im Auftrage des Führers mit:

Die sogenannte gotische Schrift als eine deutsche Schrift anzusehen oder zu bezeichnen ist falsch. In Wirklichkeit besteht die sogenannte gotische Schrift aus Schwabacher Judenlettern. Genau wie sie sich später in den Besitz der Zeitungen setzten, setzten sich die in Deutschland ansässigen Juden bei Einführung des Buchdrucks in den Besitz der Buchdruckereien und dadurch kam es in Deutschland zu der starken Einführung der Schwabacher Judenlettern.

Am heutigen Tage hat der Führer in einer Besprechung mit Herrn Reichsleiter Amann und Herrn Buchdruckereibesitzer Adolf Müller entschieden, dass die Antiqua-Schrift künftig als Normal-Schrift zu bezeichnen sei. Nach und nach sollen sämtliche Druckerzeugnisse auf diese Normal-Schrift umgestellt werden. Sobald dies schulbuchmässig möglich ist, wird in den Dorfschulen und Volksschulen nur mehr die Normal-Schrift gelehrt werden.

Die Verwendung der Schwabacher Judenlettern durch Behörden wird künftig unterbleiben; Ernennungsurkunden für Beamte, Strassenschilder u.dergl. werden künftig nur mehr in Normal-Schrift gefertigt werden.

Im Auftrage des Führers wird Herr Reichsleiter Amann zunächst jene Zeitungen und Zeitschriften, die bereits eine Auslandsverbreitung haben, oder deren Auslandsverbreitung erwünscht ist, auf Normal-Schrift umstellen.

gez. M. Bormann.

9. JAN. 1941

F.d.R.:

Verteiler:
Reichsleiter,
Gauleiter,
Verbändeführer.

Im Auftrage des Führers wird Herr Reichsleiter Amann zunächst jene Zeitungen und Zeitschriften, die bereits eine Auslandsverbreitung haben, oder deren Auslandsverbreitung erwünscht ist, auf Normal-Schrift umstellen.«

Kurze Zeit später wurde diese Entscheidung öffentlich verkündet. Die nationalsozialistischen Begründungen für die Umstellung sind wohl mehr als zweifelhaft. Die seit dem 15. Jahrhundert verwendete Schwabacher Druckschrift, die bei den Reformern so beliebt war, als von Juden geschaffen und damit als »Schwabacher Judenlettern« zu bezeichnen, ist schlichtweg lächerlich. Die Juden wurden im Spätmittelalter und der frühen Neuzeit nach wie vor gesellschaftlich ausgegrenzt, es kam zu regelrechten Verfolgungswellen. Daher war es ihnen auch untersagt, in Druckereien zu arbeiten. Viel eher ist zu vermuten, dass die Nazis ihre Propaganda international lesbarer machen wollten und sich daher der weiter verbreiteten Antiqua bedienten.

Aufgrund der kriegsbedingt schlechten Wirtschaftslage ging die Ablösung der Schriften teilweise nur langsam vonstatten. Natürlich wurden große Zeitungen, Bücher und amtliche Dokumente als Erstes umgestellt, diese waren schließlich von öffentlicher Bedeutung. Im September 1941 gab es eine Anordnung zur schulischen Schriftumstellung auf die lateinische Schreibschrift – oder Normalschrift, wie die Nazis sie bezeichneten – unter der Voraussetzung, dass entsprechendes Schulmaterial wie Fibeln zur Verfügung stehen mussten.

Der Eingriff Hitlers in die Schriftkultur des Landes hinterließ seine Spuren. Dass die Nationalsozialisten viele Kulturgüter – zum Beispiel aus den Bereichen Musik und Kunst – verboten und zerstörten, ist eine bekannte Tatsache. Ihre Einflussnahme auf die Schriftkultur mit dem allgemeinen Verbot der deutschen Schriften ist den meisten Menschen weit weniger geläufig. Eine mögliche Wiedereinführung der Kurrentschrift nach 1945 fand nicht statt. Wie bereits erwähnt, kam es nur in wenigen Gebieten Deutschlands dazu, dass die deutsche Schreibschrift wieder als Zweitschrift gelehrt wurde. Es war eine tiefgreifende kulturelle Veränderung, die bis heute nachhallt. Schulkinder, die nur noch die Lateinschrift lernten, hatten Probleme, Schriftstücke in Kurrent zu lesen. (Ebenso geht es heutigen Generationen mit alten Familien-Schriftstücken.) Die berühmten deutschen Poeten und Autoren der vergangenen 500 Jahre schrieben alle eine Form der Kurrent, egal, ob Lessing, Kleist,

{111} Links: Die zweite Seite des Bormann-Erlasses

{112} Unten: Seite aus einem Schulheft aus dem Jahr 1944. Der Krieg ist allgegenwärtig.

Ausrufsätze.
Bei Fliegeralarm:
Achtung, Fliegeralarm!
Sie kommen schon!
Schnell in den Splittergraben!
Die Flak schießt schon!
Ui, ein Bomber stürzt ab!
Ein Bomber in Flucht!
Fein, einen hat's getroffen
Ei, wie jault er!
O, Fallschirmjäger springen ab!
Die Polizei erwartet sie!
(Das) Schau, es brennt schon!
Es schlägt schon am Boden auf!
O, D der Bomber zerbricht!
Wie die (Neu) Neugierigen laufen!
O, wie die Bomben rauschen!

»Für wen **ich schreibe?** Sollte ich das wissen? Jedenfalls **für mich.** Kann ich ahnen, wer lesen kann und vor allem will?«

*Raymond Walden**

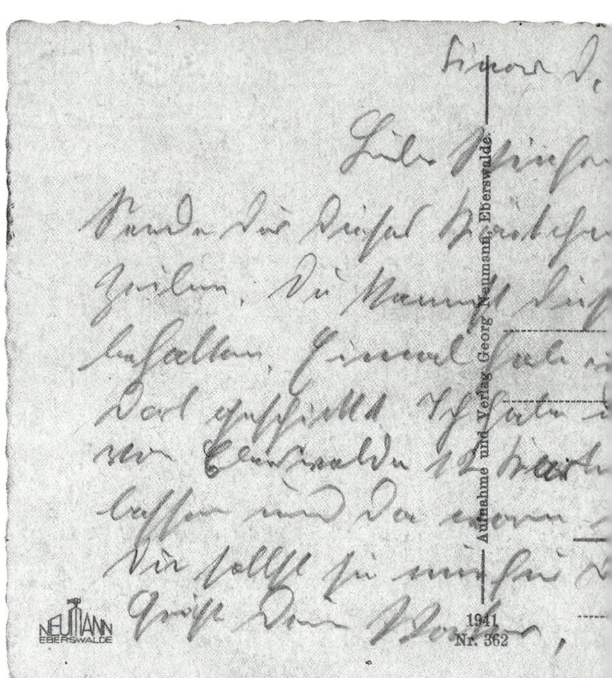

Goethe oder Schiller. Gleichzeitig ist davon auszugehen, dass auch ohne die Nationalsozialisten irgendwann eine Umstellung der Schriften erfolgt wäre, vor allem aufgrund der zunehmenden internationalen Kommunikation der europäischen Länder untereinander. Schließlich gärte der Fraktur-Antiqua-Streit schon eine geraume Weile. Vermutlich wäre die Veränderung auf diese Weise weitaus wenig abrupt vonstattengegangen.

Heutzutage ist die lateinische Schrift und demzufolge die lateinische Schreibschrift (sofern noch eine Schreibschrift geschrieben wird) weltweit am meisten verbreitet. Die deutschen Druckschriften werden heute widersinnigerweise stark mit der Nazizeit assoziiert, was vielleicht auf deren anfängliche Befürwortung oder schlichtweg Unwissenheit zurückzuführen ist. Fakt ist: Die Nationalsozialisten waren der Untergang der deutschen Schriften.

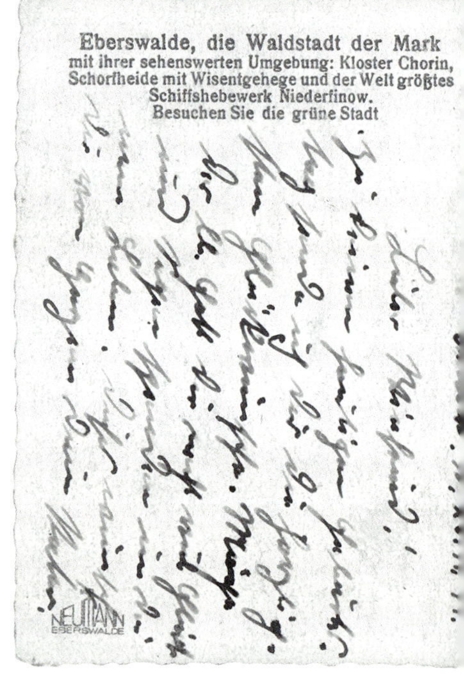

* *Das Zitat stammt aus den »Sequenzen von Skepsis« von Raymond Walden (www.raymond-walden.blogspot.com)*

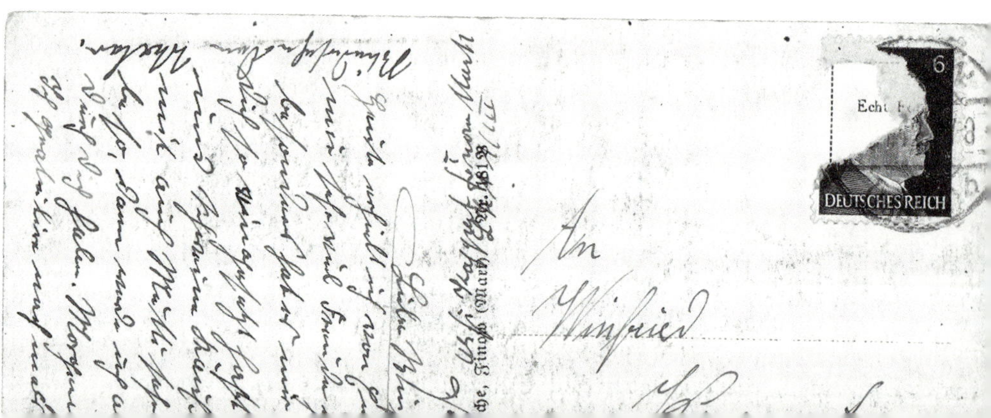

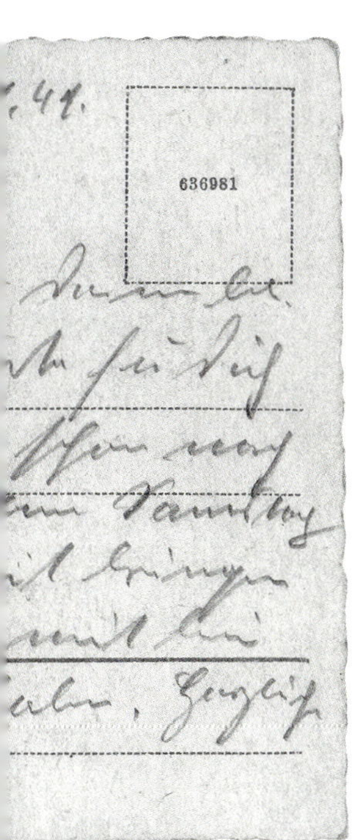

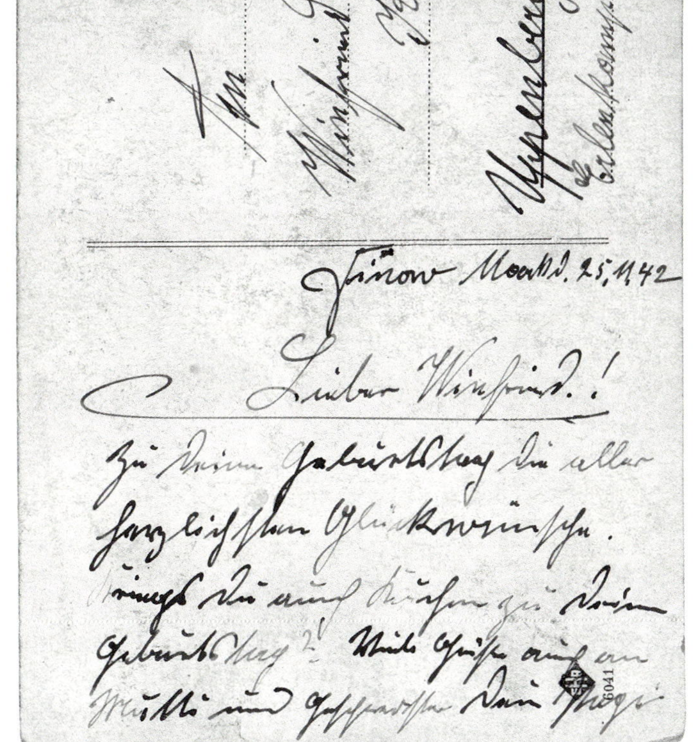

{113} Eine kleine Sammlung von Postkarten (mit den typischen »Deutsches Reich«-Briefmarken) aus den Jahren 1941 bis 1943. Ein Vater, der in den Kriegsjahren als Soldat im Osten Deutschlands stationiert wurde, schreibt an seinen jugendlichen Sohn.

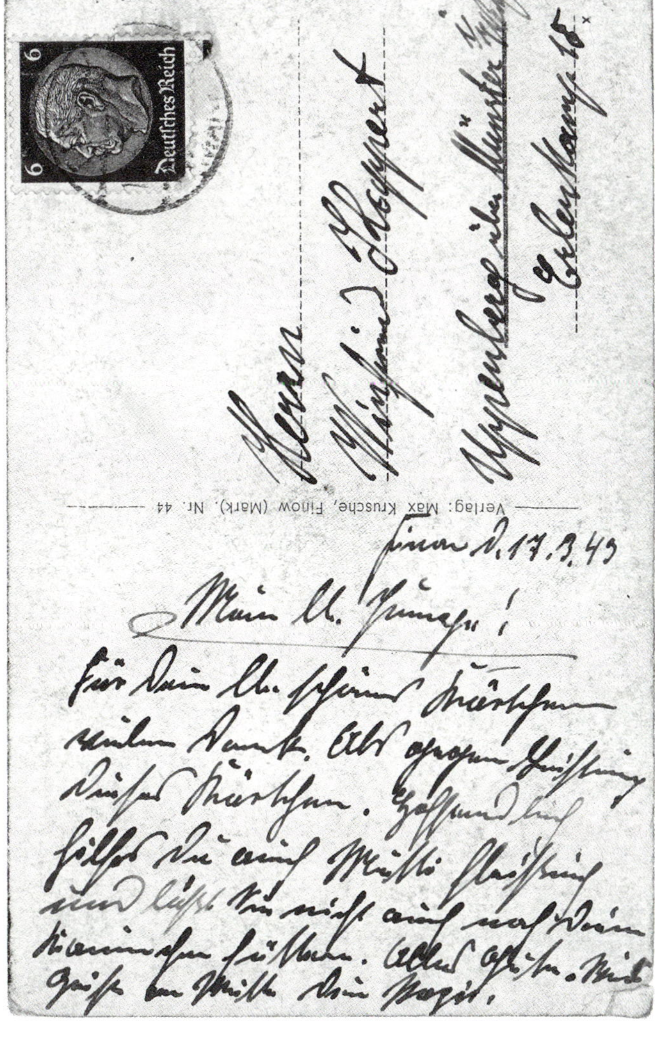

{114} Eine Ahnentafel, die im Dritten Reich die arische Abstammung beweisen sollte

Urgroßeltern

Name [illegible] · Geburtstag 8.1.40 Ort [illegible] · Todestag 8.12.89 Münster · Religion Katholisch

Name [illegible] · Geburtstag 18.8.1849 Ort Münster · Todestag 6.11.1918 „ Münster · Religion Katholisch

Urgroßeltern

Name [illegible] · Geburtstag 3.12.1835 Ort Münster · Todestag 10.8.1898 „ Münster · Religion Katholisch

Name [illegible] · Geburtstag 16.8.1847 Ort [illegible] · Todestag 25.9.1904 „ Münster

Großeltern

Name [illegible]	Name [illegible]
Geburtstag 23.11.1877.	Geburtstag 9.1.1880.
„ ort Münster	„ ort Münster
Todestag	Todestag
„ ort	„ ort
Religion Katholisch	Religion Katholisch
verheiratet am 10.11.1899	in Münster

Vater

[illegible]

Stand und Beruf Marmorschleifer

Geburtstag 13.2.1898. Ort Münster

Todestag 6.5.1945 Ort

Religion Katholisch verheiratet am 10.3.1920

Urgroßeltern

Name Danzig
Geburtstag 23. [illegible] 1822 Ort Lippstadt
Todestag 9.9.1866 " Lippstadt
Religion katholisch

Name Helene Danzig geb. [illegible]
Geburtstag 6.6.1817 Ort Lippstadt
Todestag 16.2.1900 " Lippstadt
Religion katholisch

Urgroßeltern

Name Franz Leifhemmer
Geburtstag 5.2.1831 Ort Hörste
Todestag 1.4.1904 " Mettinghausen
Religion katholisch

Name Gertrud Leifhemmer geb. Arning
Geburtstag 1.12.1834 Ort Mettinghausen
Todestag 22.2.1908 " Mettinghausen
Religion katholisch

Großeltern

Name Heinrich Danzig
Geburtstag 19.1.1866
" ort Lippstadt
Todestag 1.8.1936
" ort Münster
Religion katholisch
verheiratet am 30.4.1892

Name Franziska Danzig geb. Leifhemmer
Geburtstag 6. Juli 1865
" ort Mettinghausen
Todestag 29.8.1902
" ort Lippstadt
Religion katholisch
in Lippstadt

Mutter

Franziska Happert
Geburtsname Danzig
Geburtstag 16.10.1895. Ort Lippstadt
Todestag 22.11.1972 Ort
n ~~Münster~~ Religion katholisch

Die Geschichte der Schreibmaschine

Die ersten Tippversuche

Das 20. Jahrhundert war die Ära eines ganz neuen Schreibgeräts: der Schreibmaschine. Sie war aus den Büros nicht mehr wegzudenken und sorgte für eine enorme Beschleunigung des Schreibprozesses.

Schon im 18. Jahrhundert verfolgten viele Erfinder die Idee von der automatisch schreibenden Maschine. Das erste Patent für eine solche ist aus England bekannt und wurde von Henry Mill 1714 angemeldet. Wie man sich dieses Gerät vorzustellen hat, ist jedoch aufgrund fehlender Konstruktionspläne und Zeichnungen weitgehend unbekannt. Aber das war erst der Startschuss. In den folgenden Jahrzehnten tauchten immer wieder Schreibautomaten auf, zu Beginn nicht selten mit dem Ziel, erblindeten Menschen zu helfen. Ein funktionsfähiger Entwurf war das vierte Modell von Friedrich von Kaus, bekannt als »Allesschreibende Wundermaschine«. Allerdings sah das Gerät auch eher nach einer Wundermaschine als nach einer Schreibmaschine aus, unter anderem weil es keine Tasten besaß.

Der Entwurf vom Forstmeister Karl Friedrich Freiherr Drais von Sauerbronn, der um 1830 bekannt wurde, funktionierte erstmalig mit Tasten. (Drais ist besser bekannt für seine Erfindung des Laufrads, das auch als Draisine bezeichnet wurde.) Etwa zur gleichen Zeit erregte der Amerikaner William Austin Burt mit seinem praktisch verwendbaren Typografen, einer Zeigerschreibmaschine, Aufsehen.
In der Folgezeit beschäftigten sich viele Konstrukteure mit den kniffeligen Details des technischen Schreibens, wie der Anordnung der Tasten und dem Umschalten zwischen Groß- und Kleinschreibung.

Der Österreicher Peter Mitterhofer, einer der wichtigsten europäischen Erfinder, entwickelte zwischen 1864 und 1869 fünf Modelle (danach gab er resigniert auf, weil ihm das Geld ausging). Seine erste Version, das »Wiener Modell 1864« (nach seinem Museumsstandort benannt), sah er als Fehlversuch an. Aber sein fünftes Modell von 1869, das sein letzter Entwurf war, wies viele Merkmale einer modernen Schreibmaschine auf. Es hatte Metalltypen, eine Volltastatur mit 82 Tasten und ließ die Umstellung von Groß- und Kleinschreibung zu.

1873 begannen die amerikanischen Remington-Werke ihre industrielle Herstellung von Schreibmaschinen. Bereits zuvor wurde in Amerika eine Vielzahl an Patenten vergeben, kein anderes Land war so aktiv an der Schreibmaschinenentwicklung beteiligt. Die fabrikmäßig hergestellten Maschinen wurden stetig verfeinert. Weitere große Innovationen fanden nach dem Zweiten Weltkrieg statt. 1947 erschien bei IBM die erste elektrische Maschine mit Proportionalschrift*; seit den 1970er-Jahren erlebten die elektrisch angetriebenen Schreibmaschinen ihren Durchbruch. Schließlich wurden sie alle von den ersten Computern und Druckern verdrängt.

* *Im Gegensatz zu den nichtproportionalen Schriften mit den festgeschriebenen Buchstabenbreiten bekommt bei einer Proportionalschrift jeder Buchstabe nur die Breite, die er optisch benötigt.*

{115} *Peter Mitterhofers »Wiener Modell 1864« war sein erster Prototyp einer Schreibmaschine.*

IV. Schreiben will gelernt sein

DDR: 1949 – 1990
BRD: 1949 – heute

{116} Hintergrund: Handschrift eines siebenjährigen Kindes

{117} Ölgemälde »Schulknabe« des Schweizer Genremalers Albert Anker von 1881, der unter anderem für seine ausdrucksstarken Kinderporträts bekannt wurde

Wir besuchen die Schule und lernen lesen, schreiben und rechnen. Klingt einfach – wenn es doch nur so wäre! Insbesondere das Schreibenlernen ist harte Arbeit. Die Ansichten, wie Kinder diese Aufgabe am besten meistern, sind zahlreich und teilweise gegensätzlich. Außerdem variieren die Schulschriften bereits seit Einführung des Schulbetriebs in unregelmäßigen Abständen.

Es geht beim Schreibenlernen nicht nur darum, Buchstaben richtig zu formen und willkürlich aneinanderzureihen. Unsere lateinische Alphabetschrift basiert darauf, dass wir unsere Sprachlaute (Phoneme) mit den richtigen Buchstaben oder besser gesagt Buchstabenkombinationen (Grapheme) umsetzen. Dafür hat jedes Land sein eigenes Regelsystem – zusammengesetzt aus Rechtschreibung (Orthografie) und Grammatik –, das erlernt werden muss. (Hat man dies erlernt, kann man sich noch mit dem wiederkehrenden Phänomen der Rechtschreibreform herumärgern.)

Zurück zu den Schriftvorlagen für Schüler. Albert Kapr führt in seinem Buch »Schriftkunst« drei Aspekte an, die er als richtungsweisend für eine gut erlernbare Schulausgangsschrift ansieht. Das sind Lesbarkeit, Verbindungsfähigkeit und Möglichkeiten zur Weiterentwicklung. Schauen wir uns diese drei Kriterien einmal genauer an:

1. **Lesbarkeit:** Ein offensichtlicher Punkt, schließlich sollte eine Schrift immer lesbar sein (es sei denn, es ist eine Geheimschrift). Beim Schrifterwerb ist jedoch entscheidend, dass die Buchstabenformen für den Lernenden gut zu erkennen und zu unterscheiden sind.
2. **Verbindungsfähigkeit:** Nach wie vor ist das Verbinden der Buchstaben kein überflüssiger »Schnickschnack« (so viel sollte inzwischen in diesem Buch deutlich geworden sein). Die natürlichste Art einer Handschrift ist die teilverbundene. Diese Schreibweise stellt sich meistens von selbst ein, entspricht sie doch unserer Schreibgewohnheit. Unterbrechungen des Schreibflusses entstehen automatisch, weil die Hand sich weiter in die Schreibrichtung bewegen muss. Wichtig ist, dass die Schriftvorlage die Option bietet, Buchstaben sinnvoll zu verbinden, ohne dass die Lesbarkeit leidet.
3. **Weiterentwicklungsmöglichkeiten:** Eine gute Schreibvorlage vermittelt nicht nur die Formen, sie unterstützt zusätzlich die Ausbildung eigener Charakterzüge und somit die Ausformung einer individuellen Handschrift. Wobei der Unterricht an sich natürlich auch darauf ausgerichtet sein muss und nicht nur die Ausgangsschrift.*

* *Vergleiche »Schriftkunst – Geschichte, Anatomie und Schönheit der Lateinischen Buchstaben« von Albert Kapr. Dresden, VEB Verlag der Kunst, 1976, S. 326*

Es tut mir leid das

ch d Farbtöpfchen

emg en habe

end ch one

Erla kleine Farbe

genom habe wen

zeist dan

an we

fe

mir?

Diese drei Aspekte sind in der Theorie einleuchtend, die Umsetzung gestaltet sich – rückblickend gesehen – bedeutend schwieriger. Nach dem Bormann-Erlass war Sütterlins Schulschrift Geschichte, die Deutsche Normalschrift wurde als Lateinschrift eingeführt. Sie zeigte im Vergleich zu Sütterlins Vorlage leicht veränderte Proportionen mit einem Verhältnis der Ober-, Mittel- und Unterlängen von 2:3:2, hielt sich jedoch nicht besonders lange, sondern wurde 1953 in der BRD durch die Lateinische Ausgangsschrift (LA) ersetzt. Grundsätzlich basierte die LA auf der vorherigen Normalschrift, es wurden nur wenige Abwandlungen vorgenommen. Charakteristisch für diese verbundene Schulschrift waren die häufigen Drehrichtungswechsel* und zahlreichen Deckstriche* sowie geschlossene Rundformen und ihre geschwungene Strichführung. Der Zeitraum, in dem diese Schrift entstand und hauptsächlich verwendet wurde, war durch eine andere Form des Schreibunterrichts geprägt als unser heutiger. Bis in die 1970er-Jahre war Schönschreiben ein eigenes Unterrichtsfach für die dritten und vierten Klassen, in dem die formschöne Ausführung der Lateinischen Ausgangsschrift geübt wurde. Erst nachdem die Schüler die Schreibweise der LA wirklich beherrschten, durften sie ihre eigene Handschrift entwickeln.

Die Kritik an der Lateinischen Ausgangsschrift als schwer zu erlernende Vorlage nahm zu, sodass man zu Beginn der 1970er-Jahre bereits mit einer neuen Schulschrift experimentierte: der Vereinfachten Ausgangsschrift (VA). Der Name war Programm – alles, was bei der LA als schwierig und überflüssig angesehen wurde, wurde aus der neuen Schreibvorlage entfernt. Sie sparte sich jeden unnötigen Schwung, Drehrichtungswechsel und Deckstrich. (Die Schönschreibstunden wurden ebenfalls aus dem Lehrplan gestrichen.) Ihre Versalien orientierten sich verstärkt an denen der handschriftlichen Druckbuchstaben. Die augenfälligste Veränderung war der neue Ansatz für Buchstabenverbindungen. Bei der LA gab es unterschiedliche Verbindungsmöglichkeiten einzelner Buchstaben, weil zum Beispiel ein »b« anders an ein »e« anknüpft als ein »n« an ein »e«. Ohne viel Federlesen vereinheitlichte die VA die Verbindungen, sodass alle Buchstaben am gleichen Punkt enden und beginnen. Diese Schreibweise ähnelt einer Druckschrift, weil die Buchstaben eher separat aneinandergereiht werden. Bei einer Schreibschrift fließen die Buchstaben als Ligaturen ineinander über, wofür unterschiedliche Verbindungen eingeübt werden müssen, weil es unterschiedliche Ansatzpunkte gibt. Die Buchstaben der Lateinischen

Ausgangsschrift setzen sich aus drei Einzelelementen zusammen: der Einleitung des Buchstabens (Anstrich), der Hauptform des Buchstabens und der Abschluss (Endstrich). Bei der standardisierten Schreibweise der Vereinfachten Ausgangsschrift entfällt der Anstrich völlig und es kommt zu vermehrten Luftsprüngen*. Der Vorteil ist, dass einzelne Buchstaben besser geübt werden können, denn sie verändern sich nicht, egal in welcher Kombination sie aufeinanderfolgen. Eins der umstrittensten Elemente der VA ist das sogenannte Köpfchen-e, weil bei seiner exakten Ausführung ein Punkt dreimal hintereinander überschrieben werden muss.

Besonders über die neue Schrift gefreut haben sich vermutlich die Schulbuchverlage, da sie für Schriftbeispiele nun auf einen kostengünstigen schematisierten Drucksatz zurückgreifen konnten und keine handgeschriebenen Texte mehr benötigten. In den 1970er-Jahren zeichnete sich deutlicher als zuvor die Tendenz ab, die optische Wirkung der Schulschriften zurückzustellen und das leichte Erlernen und Anwenden in den Fokus zu rücken. Ob das bisher geglückt ist, darf jeder für sich selbst entscheiden. Diese Ausrichtung war natürlich keine gänzliche Neuerung, verfolgte doch auch Sütterlin schon diesen Ansatz.

*
Bei einem Drehrichtungswechsel folgt eine Links- auf eine Rechtsdrehung oder umgekehrt. Das große »H« bei der LA mit seinen beiden Schlaufen, ist dafür ein perfektes Beispiel.

*
Ein Deckstrich bezeichnet in der Typografie die horizontale Linie beim »T« oder »Z«. Im Zusammenhang mit den Schulausgangsschriften sind überlagerte (also doppelt gezeichnete) Linien entgegen der Schreibrichtung gemeint. Erzeugt werden diese zum Beispiel beim »a«, »d« oder »g«, weil die Rundungen oben geschlossen werden müssen.

*
Luftsprünge sollen Deckstriche vermeiden, bestehen aber aus der gleichen Bewegung. Sie werden, wie der Name schon verrät, in der Luft statt auf dem Papier ausgeführt.

{118} Von links nach rechts: Schriftproben nach Vorlage der Lateinischen Ausgangsschrift, der Vereinfachten Ausgangsschrift, der Schulausgangsschrift, der Schnürlischrift, der Österreichischen Schulschrift und der Grundschrift

Ihr lieben Leute groß und Klein
Ihr lieben Leut groß und klein
haltet mir mein Album rein
haltet mir mein Album rein.
reißt mir keine Blätter raus
Reißt mir keine Blätter raus
sonst ist es mit der Freundschaft aus.
sonst ist es mit der Freundschaft aus.

{119} Oben: Die Entwicklung einer Kinderhandschrift (11 Jahre) zur ausgeformten Erwachsenenhandschrift (58 Jahre)

{120} Rechts: Tuschezeichnung eines schreibenden Schulmädchens von einem unbekannten Künstler, entstanden zwischen 1890 und 1930

Eine gesonderte, wenn auch ähnliche Entwicklung fand in der DDR statt. Die dortige Schulausgangsschrift von 1958 sollte ebenfalls überarbeitet und vereinfacht werden. Doch anders als bei der Vereinfachten Ausgangsschrift sollten auch ästhetische Aspekte berücksichtigt werden. Endgültig und vor allem offiziell eingeführt wurde die neue Schulausgangsschrift (SAS) als Erstschrift 1968 im Zuge einer Umstrukturierung des gesamten Unterrichtssystems durch das Ministerium für Volksbildung. Die Großbuchstaben dieser Schulschrift waren die ersten, die sich an den klassischen Antiqua-Versalien orientierten und sich von den Schleifen, Schlaufen und Schwüngen ihrer Vorgänger trennten. Die Minuskeln bekamen schmalere Formen, die Verbindungen wurden vereinfacht, jedoch nicht so drastisch wie bei der VA, sodass die Dreigliedrigkeit der Buchstaben erhalten blieb.

Alle drei verbundenen Schreibvorlagen – LA, VA und SAS – stehen heute für den Schreibunterricht zur Verfügung, sodass jedes Bundesland selbst wählen kann. Kaum eine dieser Schriften wird mehr als Erstschrift gelehrt. Seit Ende der 1980er-Jahre lernen Schüler zum leichten Einstieg die handschriftliche Druckschrift. Insbesondere die Versalien sind einfach zu erlernen, enthalten sie doch verhältnismäßig wenige Rundungen. Viele Kinder beherrschen bei Schulbeginn schon einige wenige Buchstaben und können ihren Namen krakelig zu Papier bringen. Die verbundenen Schulschriften werden erst in der zweiten Hälfte des ersten Schuljahres eingeführt. Ähnlich halten es die Österreicher: Es darf mit einer Druckschrift begonnen werden, die danach von der verbundenen Schulschrift ergänzt wird.

Lange Zeit war Ruhe (nicht mit den Diskussionen, aber mit neuen Schulschriften), bis 2011 noch eine weitere Schrift in ihre Erprobungsphase startete: die

Grundschrift (GS). Die Neuerung dieser Variante ist, dass diese Druckschrift im Verlaufe des Schrifterwerbs verbunden werden kann. Die gerundeten Abstriche am Ende vieler Buchstaben soll den Kindern die Möglichkeit bieten, eine spätere Verbindung der Buchstaben herbeizuführen. Problematisch ist dabei, dass sich nicht alle Buchstaben unkompliziert nach einem Schema verbinden lassen, weshalb auch hier einige Übung vonnöten ist. Die Grundschrift soll als einzige Schrift gelehrt werden und damit die anderen Schreibvorlagen ersetzen. Eine sehr ähnliche Entwicklung zeigt sich in der Schweiz. Die verbundene Schweizer Schulschrift – mit dem schönen Namen Schnürlischrift – war seit Ende des Zweiten Weltkriegs in den Schulen beheimatet. Jetzt wird sie in vielen Kantonen von der Basisschrift ersetzt, die auf demselben Prinzip wie die deutsche Grundschrift beruht.

Ein zentraler Aspekt vereint alle Schulschriften: Sie sind Schreibvorlagen, die nach dem Erlernen als Grundlage für eine eigene individuelle Handschrift dienen sollen. Die meisten Erwachsenenhandschriften lassen diesen Zusammenhang jedoch nicht mehr erkennen, da sie kaum mehr Übereinstimmungen mit diesen Vorlagen zeigen. Übte in früheren Epochen die Handschrift einen starken formalen Einfluss auf die Buchschriften aus, ist in unserer Zeit eine gegenläufige Beobachtung zu machen. Viele Handschriften orientieren sich verstärkt an den (gedruckten) Buchschriften, insbesondere den Versalien. Die Schulschriften orientierten sich in den letzten Jahrzehnten in die gleiche Richtung, was durchaus verständlich erscheint. Die Wahl der richtigen Schulschrift – egal, ob Druckschrift, Schreibschrift oder divers – ist ein regelrechter Glaubenskrieg. Dabei drängt sich mir immer wieder die Frage auf, ob die Schreibvorlage wirklich das entscheidende Kriterium ist. Verstehen Sie mich nicht falsch, ich denke, die Schriftgrundlage ist wichtig, aber ist die Zeit zum Erlernen einer Schrift nicht ebenso wichtig? Mit dem Übergang von der Lateinischen zur Vereinfachten Ausgangsschrift wurde nicht nur die Schrift an sich vereinfacht, es wurde auch die Übungszeit reduziert. Da das Schreiben kein natürlicher Prozess für uns ist, sondern eine kulturelle Technik mit den höchsten Ansprüchen an unsere Motorik, ist die Übungsintensität ein wichtiger Faktor. Zum Schreibenlernen braucht jeder Mensch Zeit, da waren auch die alten Meister keine Ausnahme. Der Anspruch an die eigene Schrift hat jeder buchstäblich selber in der Hand. Für manche Menschen ist es ausreichend, dass ihre Schrift lesbar ist (was als schulische Minimalanforderung gilt), andere legen Wert auf ein optisch schönes Schriftbild. Grundsätzlich gilt, wenn Sie Ihre eigene Schrift nicht mehr entziffern können, kann es garantiert auch kein anderer. Dann besteht Handlungsbedarf.

Stundenplan Klasse IV b ab 16. Sept. 1976

Zeit	Montag	Dienstag	Mittwoch	Donnerstag	Freitag	Samstag
8.10h bis 8.50h	Mathematik Ht.	Legasthenie-kurs Ri / Portugiesen-Deutschkurs Ht.	Sprache Ht.	Sport Overberghalle im Wechsel mit Kl. IVa / Mädchen Handarbeit im Wechsel mit Kl. IVa	Legasthenie-kurs Ri / Förderunterricht Ht.	Sprache Ht.
8.50h bis 9.30h	Sprache Ht.	Mathematik Ht.	Sprache Ht.	(Sport / Mädchen Handarbeit, Fortsetzung)	Sach-unterricht Ko.	Sach-unterricht Ko.
9.55h bis 10.40h	Sach-unterricht Ko.	Sach-unterricht Ko.	Mathematik Ht.	Sprache Ht.	Mathematik Ht.	Kunst Ht.
10.50h bis 11.35h	Religion Ma/Sü	Sprache Ht	Religion Ma/Sü	Mathematik Ht.	Musik Ht.	Kunst Ht.
11.45h bis 12.25h	Förderunterricht Mathe Ht.	Musik Ht.	Legasthenie-kurs Ri		Schwimmen He.	11.25h Schluß
12.30h bis					Schwimmen He.	

Busabfahrt ab Spliethoff:

	Montag	Dienstag	Mittwoch	Donnerstag	Freitag	Samstag
	7.30h	7.30h	7.30h	7.30h	7.30h	7.30h

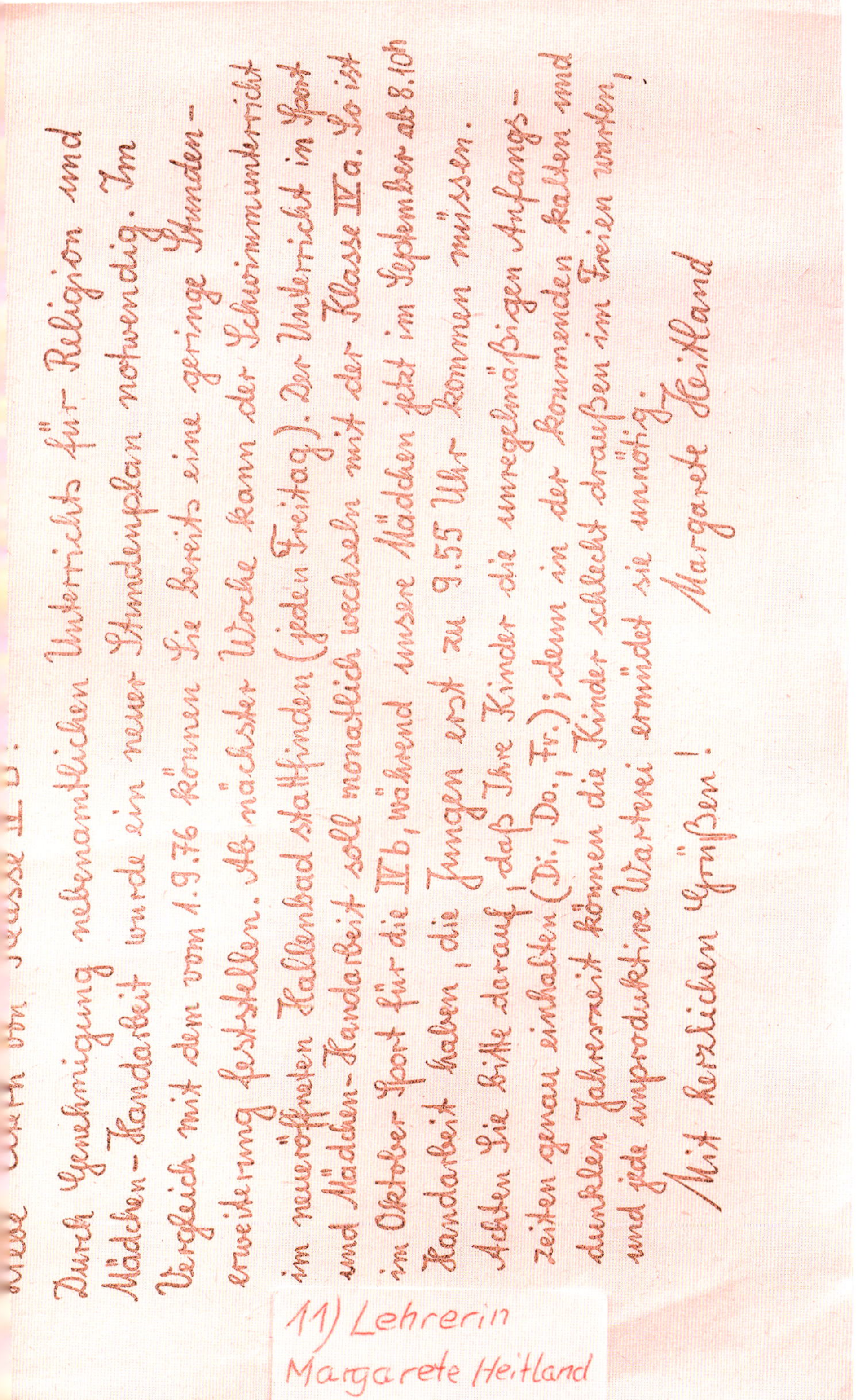

Durch Genehmigung nebenamtlichen Unterrichts für Religion und Mädchen-Handarbeit wurde ein neuer Stundenplan notwendig. Im Vergleich mit dem vom 1.9.76 können Sie bereits eine geringe Stundenerweiterung feststellen. Ab nächster Woche kann der Schwimmunterricht im neueröffneten Hallenbad stattfinden (jeden Freitag). Der Unterricht in Sport und Mädchen-Handarbeit soll monatlich wechseln mit der Klasse III a. So ist im Oktober Sport für die III b, während unsere Mädchen jetzt im September ab 8.10h Handarbeit haben, die Jungen erst zu 9.55 Uhr kommen müssen.

Achten Sie bitte darauf, daß Ihre Kinder die unregelmäßigen Anfangszeiten genau einhalten (Di., Do., Fr.); denn in der kommenden kalten und dunklen Jahreszeit können die Kinder schlecht draußen im Freien warten, und jede unproduktive Wartezeit ermüdet sie unnötig.

Mit herzlichen Grüßen!

Margarete Heitland

{121}
Ein Eltern-Informationsblatt von 1976: Die Handschrift der Grundschullehrerin ist stark von der Lateinischen Ausgangsschrift geprägt, die sie auch ihren Schülern vermittelte.

Schiefertafel & Griffel

Schreiben für Anfänger

Tafeln zum Beschreiben waren bereits im 18. Jahrhundert ein Hilfsmittel mit langer Tradition, ausgehend von den antiken Ton- und Wachstafeln. Im Unterricht setzte sich mit der Zeit eine neue Form durch: die Schiefertafel*. Mit zunehmendem Schulbetrieb wuchs auch der Bedarf an günstigen Schreibmaterialien. Gerade zu Beginn des Schreibenlernens sollte Papier eingespart werden – ein überzeugendes Argument für die Tafeln und Griffel aus Schiefer.

** Die Schiefertafel wurde bereits Mitte des Jahrhunderts in einigen Schulordnungen erwähnt, ebenso wie der Gebrauch großer Wandtafeln.*

Das Wort »Schiefer« wird häufig synonym verwendet für Sedimentgesteine, die sich leicht in dünne Scheiben spalten lassen (sie zeigen ein schiefriges Gefüge). Für die Herstellung von Tafeln und Griffeln wurde der feinkörnige Tonschiefer verwendet. Deutsche Abbaugebiete befanden sich vorwiegend in Thüringen, im Harz, in Oberfranken und am Mittelrhein*. Die Schieferplatten wurden in einen Holzrahmen eingefasst, der Griffel zum besseren Anfassen in Papier (später gab es weichere sogenannte Buttergriffel aus Kreidegemischen im Holzmantel). Für ihren schulischen Einsatz wurden die Tafeln einseitig für schriftliche Übungen liniert und auf der anderen Seite für mathematische Zwecke kariert. Der offensichtliche Vorteil war die Möglichkeit der einfachen Korrektur und der beständigen Wiederverwendbarkeit. Mit Schwamm und Lappen wurde die Tafel gereinigt und konnte erneut beschrieben werden. Oft befestigten die Schüler kleine Lappen mit Bindfäden an den Tafeln, bei den Mädchen vorzugsweise selbst gehäkelte. Natürlich waren die Tafeln anfällig für Kratzer und konnten leicht zerbrechen. Ende der 1960er-Jahre lief die Zeit der Schiefertafeln in den Schulen aus.

** Heute existiert der Schieferbergbau nur noch vereinzelt in Deutschland. Aufgrund der besseren Qualität wurde Tonschiefer bald aus anderen Ländern wie der Schweiz und Italien eingeführt.*

{122} *Eine alte Schiefertafel mit gehäkeltem Lappen, Wachs- und Schiefergriffel*

4.

Präsens & Futur der Kursiven

I. Zwischen Technik & Ästhetik

Handschreiben im digitalen Zeitalter

Das Schreiben ist als Teil unserer Kultur einem steten Wandel unterworfen. Es gab eine Zeit, da waren Rohrfeder und Federkiel die fortschrittlichsten Schreibwerkzeuge überhaupt. Heute sind sie antiquiert, ersetzt durch Füller, Kugelschreiber und Tastatur (die virtuelle Form auf Touchscreens inbegriffen). Im Vergleich zu vergangen Zeiten, in denen das Schreiben nur einem bestimmten Personenkreis zugänglich war, haben wir heute eine breit gefächerte Schreibkultur in unserer Gesellschaft. Das beruht nicht zuletzt auf der schulischen Schriftvermittlung. Das handschriftliche Schreiben wird im Unterricht so lange gelehrt, bis die Kinder in der Lage sind, eigenständig zu schreiben. Lesbarkeit wird dabei eingefordert, Schönheit eher weniger. Lange Zeit gab es Noten für die eigene Handschrift auf dem Grundschulzeugnis (mancherorts werden die Schriftnoten noch praktiziert) mit besonderem Fokus auf einem leserlichen Schriftbild.

Dass die heutigen technischen Möglichkeiten auf unsere Einstellung zum Schreiben allgemein und zum Schreiben per Hand im Besonderen Einfluss nehmen, ist nicht erschütternd, sondern natürlich. Technik, Schreibgeräte und Beschreibstoffe haben zu jeder Zeit das Schreiben mitbestimmt: ob der antike Bronzegriffel, die Entwicklung des Buchdruckes oder die Einführung des Papiers. Das digitale Tippen reiht sich in gewisser Weise in eine lange Tradition von Weiterentwicklungen ein. Natürlich bietet es uns eine selten gekannte Kontrolle über die Schrift an sich: Nicht nur, dass wir ein Wort schneller eintippen können, als es mit der Hand zu schreiben – mit wenigen Klicks bestimmen wir die Schriftart inklusive Größe, Zeilenabstand und Farbe. Wobei gesagt werden muss, dass eine ästhetisch ansprechende Schrift- beziehungsweise Textgestaltung* wiederum eine Kunst für sich ist (und Schriften in Regenbogenfarben im seltensten Falle empfehlenswert sind). Bereits seit Jahrhunderten wurden Schreibschriften durch verschiedene Reproduktionstechniken vervielfältigt, zum Beispiel durch Holzschnitt oder Kupferstich. Als Satzschriften sind sie ebenfalls schon lange Zeit vorhanden. Seit dem 20. Jahrhundert sind sie als eigenständige Untergruppe VIII in der Schriftklassifikation* nach DIN (Deutsches Institut für Normung) 16518 vertreten. Sie haben ihren Platz in der Typografie gefunden und werden gerne zur Kommunikation auf einer emotionalen Ebene verwendet aufgrund ihrer oftmals eleganten, fließenden und individuell wirkenden Formen. Man könnte behaupten, im Schriftenbereich stehen die Schreibschriften immer für das ganz große Gefühl.

Die frühere Unterteilung nach Anwendungsgebiet (Sie erinnern sich bestimmt an die vier Bereiche: Inschriften, Buchschriften, Urkundenschriften und Gebrauchsschriften) ist entweder verwischt oder ganz hinfällig geworden. Heutige Buch- und Ur-

* *Der Fachausdruck für die Gestaltung von gedruckten und digitalen Schriftwerken in Abgrenzung zur handschriftlichen Ausführung ist Typografie. Gleichzeitig umfasst dieser Begriff eine Vielzahl einzelner Gestaltungsbereiche.*

* *Die Schriftklassifikation DIN 16518 teilt die Schriften in insgesamt elf unterschiedliche Gruppen ein. Sie ist die deutsche Variante, es gibt ähnliche Einteilungen in anderen Ländern.*

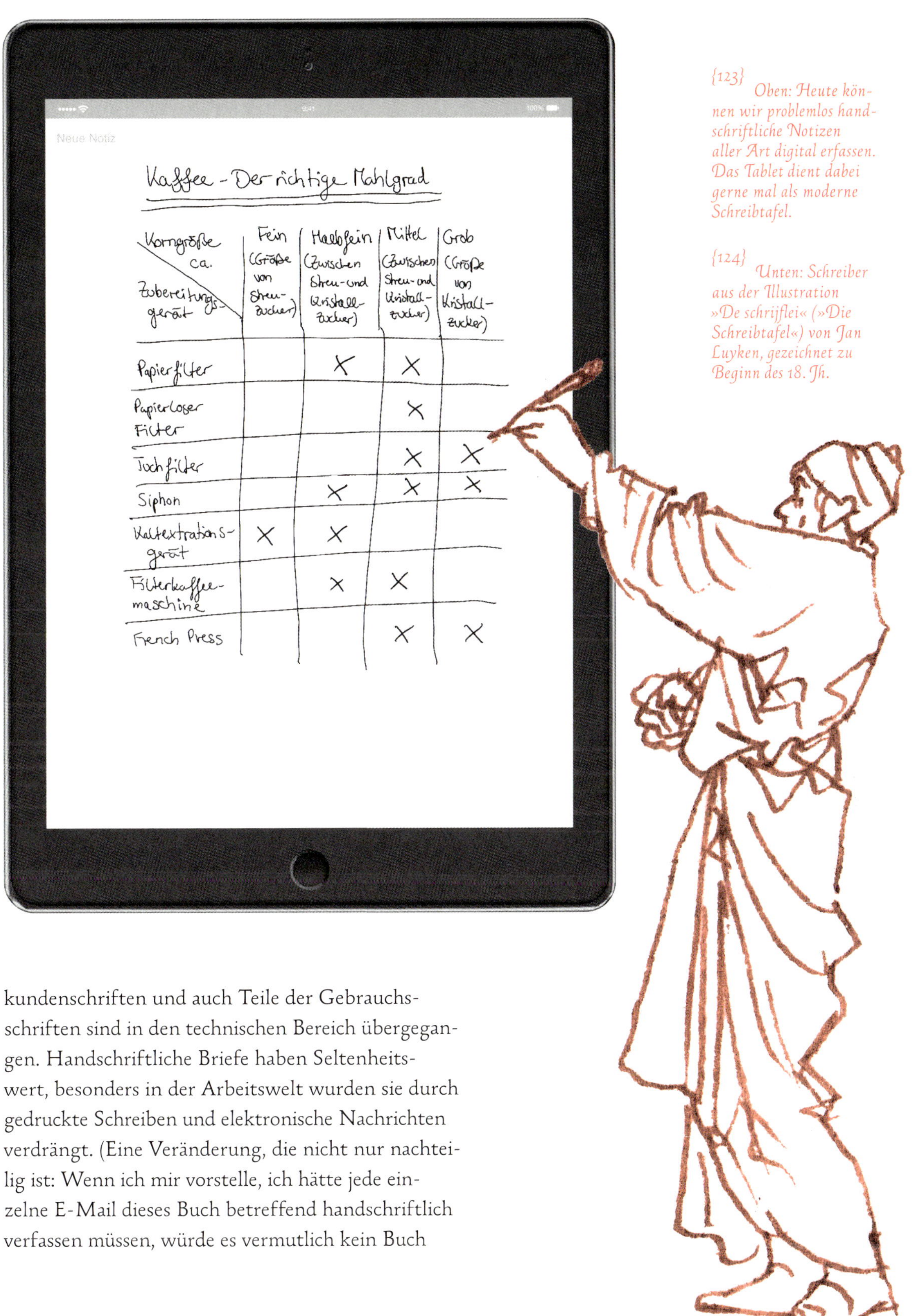

Korngröße ca. / Zubereitungsgerät	Fein (Größe von Streu-zucker)	Halbfein (Zwischen Streu- und Kristall-zucker)	Mittel (Zwischen Streu- und Kristall-zucker)	Grob (Größe von Kristall-zucker)
Papierfilter		X	X	
Papierloser Filter			X	
Tuchfilter			X	X
Siphon		X	X	X
Kaltextraktionsgerät	X	X		
Filterkaffeemaschine		X	X	
French Press			X	X

{123} Oben: Heute können wir problemlos handschriftliche Notizen aller Art digital erfassen. Das Tablet dient dabei gerne mal als moderne Schreibtafel.

{124} Unten: Schreiber aus der Illustration »De schrijflei« (»Die Schreibtafel«) von Jan Luyken, gezeichnet zu Beginn des 18. Jh.

kundenschriften und auch Teile der Gebrauchsschriften sind in den technischen Bereich übergegangen. Handschriftliche Briefe haben Seltenheitswert, besonders in der Arbeitswelt wurden sie durch gedruckte Schreiben und elektronische Nachrichten verdrängt. (Eine Veränderung, die nicht nur nachteilig ist: Wenn ich mir vorstelle, ich hätte jede einzelne E-Mail dieses Buch betreffend handschriftlich verfassen müssen, würde es vermutlich kein Buch

↳ römische Quadratschrift, Pergamenthandschrift
↳ übersetzt gemeißelte Formen (vornehm)

Capitalis Rustica (rusticus = ländlich)

↳ spätere Schnellschreibvariante (1. Jh. n. Chr.) → verbreitetste
↳ löst sich von den Inschriften, schmaler, schwung
↳ mit Rohrfeder geschrieben
↳ hauptsächlich Buchschrift Majuskel-K.

ältere römische Kursive (Capitalis-Kursive)

↳ Verkehrsschrift → entwickelte sich aus Buchschri

Rom war wirtschaftl. & kulturell hochentwickelt

↳ erster Nachweis: Papyrusbrief an Macedo (17–
(und bei Graffiti und Pinselinschriften)
+ geschäftl. Wachstäfelchen auf Pompeji (53–62 n

Winkel verschwinden
↳ Auflösung der strengen Formen (Schrägstellung
↳ Frühform = Vulgärform der Quadrata
↳ Buchstaben mit Schräglinien werden breiter → die

{125} *Handschriften im Einsatz – linke Seite: Notiz zu einem Vitaminpräparat, Stichpunkte als Vorbereitung eines Textes und eine persönliche Widmung; rechte Seite: korrekte Bezeichnung eines orthopädischen Sachverhalts und der klassische Einkaufszettel*

geben.) Urkunden und Zeugnissen begegnet man heutzutage ebenfalls überwiegend in gedruckter Form. Kein Zettel für Notizen unterwegs? Dann tippt man sich eine Nachricht ins Smartphone ein. Zusätzlich zu einer handschriftlichen Unterschrift gibt es digitale Signaturen, die den gleichen Zweck erfüllen. Das klassische Tagebuch findet seine moderne Entsprechung im Internet-Blog, das Selfie ersetzt Urlaubspostkarten und Autogramme. Probleme gibt es erst, wenn die Technik streikt, aber darüber könnte man ein ganz eigenes Buch schreiben.

Obwohl wir einen Großteil unseres »Schreibkrams« elektronisch erledigen können, gibt es Situationen, in der wir von Hand schreiben – aus unterschiedlichen Gründen: Vorschrift, Höflichkeit, Respekt, Authentizität oder Gewohnheit. Den wenigsten Menschen würde einfallen, eine Kondolenzkarte am Computer zu schreiben. An dieser Stelle gehört die Handschrift zum sogenannten guten Ton – man drückt damit persönliche Anteilnahme und Respekt aus. Beim Verfassen seines eigenen Testaments ist – sofern nicht ein Notar diese Aufgabe übernimmt – das eigenhändige Schreiben und Unterschreiben gesetzlich verpflichtend (nach BGB § 2247). Diese Regelung findet sich auch in anderen europäischen Ländern. Ein weiteres Beispiel aus Kindheitstagen sind Freundschaftsbücher, die heutige Form von Poesiealben. Es werden vorgefertigte Fragen handschriftlich beantwortet. Grundsätzlich scheint uns die Handschrift immer dann wichtig zu sein, wenn wir etwas Persönliches ausdrücken möchten: eine Widmung, eine Danksagung, ein lieber Gruß.

In seiner klassischen Anwendung als Gebrauchsschrift ist das Schreiben von Hand ebenfalls noch vertreten – in starker Abhängigkeit von den eigenen individuellen Vorlieben. Viele Menschen schreiben nach wie vor Notizen, Einkaufszettel oder Vergleichbares schnell und unkompliziert von Hand. Neben den elektronischen Kalendern existieren immer noch die gedruckten und aus Gründen des besseren

Alt werden, das ist Gottes
Jung bleiben, das ist Lebe

In der Jugend ist man gl
weil man die Fähigkeit ha
Wer diese Fähigkeit bewah

Einander zu schreiben ist der
einen Sonnenstrahl aus Wort
eines anderen Menschen zu

Der große Reichtum unseren Le
Sonnenstrahlen, die jeden Tag e

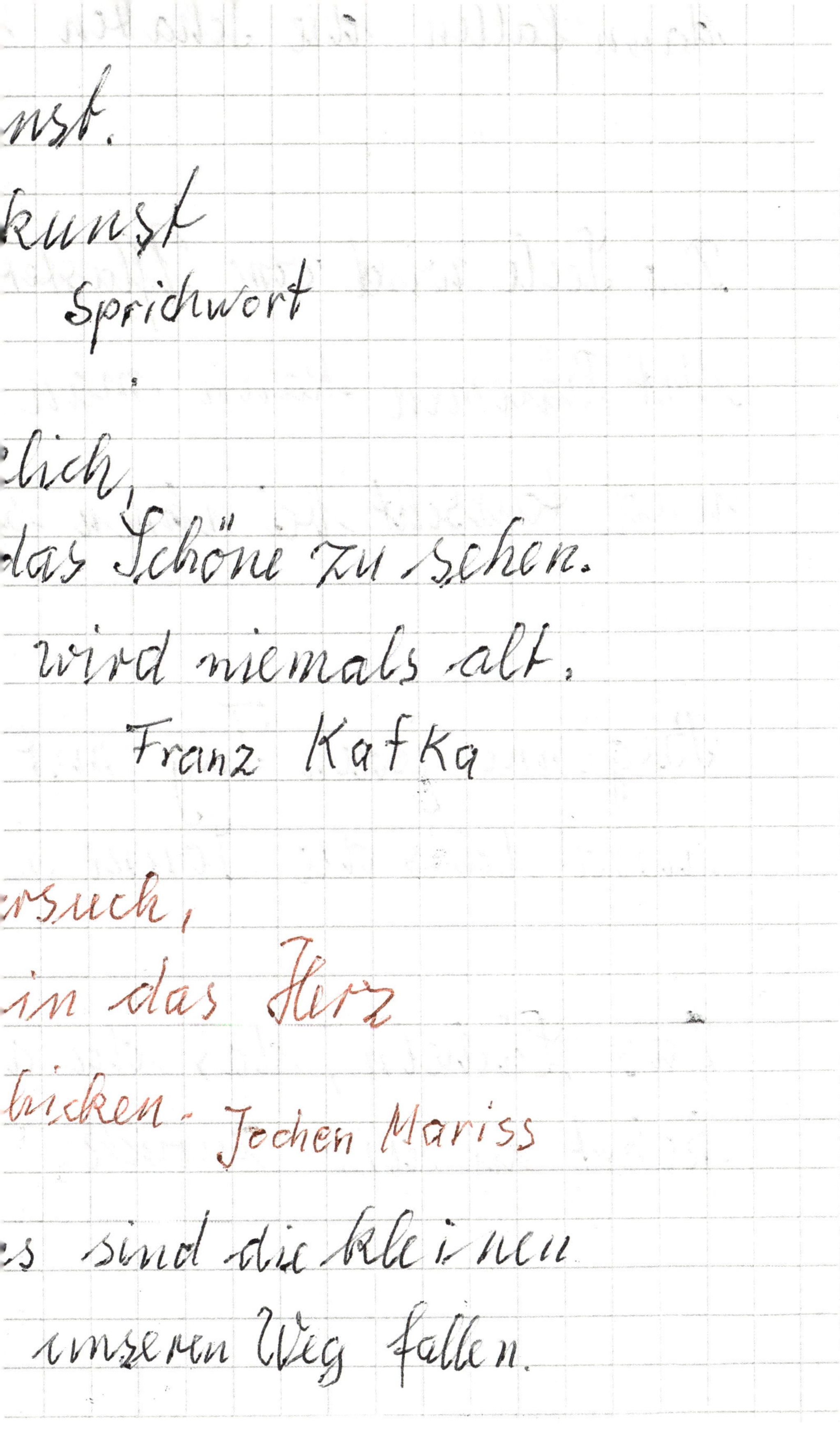

nst.

kunst

Sprichwort

lich,

das Schöne zu sehen.

wird niemals alt.

Franz Kafka

rsuch,

in das Herz

licken. – Jochen Mariss

s sind die kleinen

unseren Weg fallen.

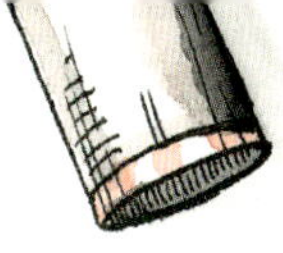

{126} *Links:* Sprüche für jede Gelegenheit, notiert auf einem Schmierzettel

{127} *Rechts:* Zeichnung eines alten Pelikan-400-Füllers aus den 1950er-Jahren

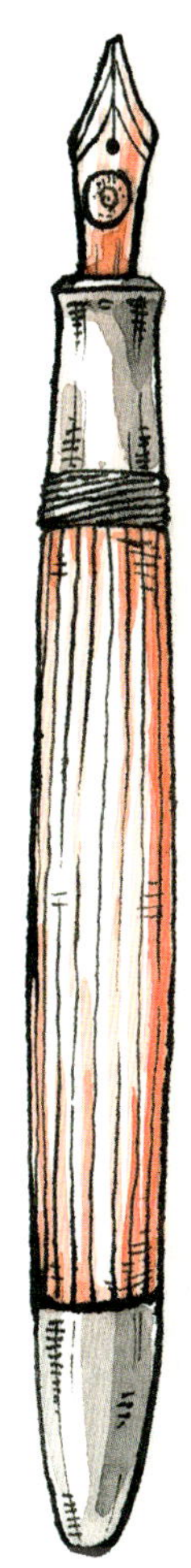

»Eine fließende Handschrift bringt die Gedanken zum Fliegen«

Cornelia Funke

Lerneffekts gibt es viele Schüler und Schülerinnen, Studenten und Studentinnen, die ihre Klausurvorbereitungen handschriftlich verfassen.

Die bekannte Schriftstellerin Cornelia Funke* geht sogar noch einen Schritt weiter: Die erste Version ihrer Buchmanuskripte schreibt sie mit der Hand. Ihre Schreibschrift zeigt die charakteristische Teilverbundenheit einer flüssigen Handschrift. Auf den ersten Blick offenbart sie, was sie ist: ein Werkzeug und Gebrauchsgegenstand. Damit entspricht sie dem ursprünglichen Gedanken einer Kursivschrift (zügiges Niederschreiben von Gedanken) mehr als so manches kalligrafische Kunstwerk. Nach eigener Aussage arbeitet sie »wesentlich unzensierter als mit dem Computer, weil die Handschrift einem sehr bewusst macht, dass man einen ersten Entwurf zu Papier bringt«. Außerdem: »Eine fließende Handschrift bringt die Gedanken zum Fliegen (…), sie fördert den Fluss der Gedanken – und ist gleichzeitig so individuell, dass man ganz bei sich ist.«* Ich persönlich habe nicht meine ganzen Texte, sondern lediglich die Stichpunkte vorab auf Einzelblättern handschriftlich verfasst (ich arbeite immer mit einer Zettelwirtschaft). Meine erste Textkorrektur nehme ich ebenfalls per Hand vor, weil mir das leichter fällt.

Obwohl eine Kursive als Gebrauchsschrift meistens als das schriftliche Pendant zur Umgangssprache galt, stand sie für eine lange Zeit in einer Wechselbeziehung zur Schriftkunst. Eine schöne Handschrift war erstrebenswert und hoch angesehen. Dieser ästhetische Anspruch ist nicht mehr im gleichen Maße vorhanden wie früher, schließlich leben wir in anderen Zeiten. Wir schreiben weniger mit der Hand und nutzen stattdessen die uns zur Verfügung stehenden technischen Möglichkeiten. Die aktuelle Bedeutung der Kalligrafie ist dementsprechend nicht mit der Renaissancezeit zu vergleichen, in der die Schreibmeister ein enorm hohes künstlerisches Niveau im Bereich der Schriftkunst erreichten (wobei es natürlich auch heute noch großartige Schriftkünstler gibt). Es war ihre Antwort auf die Entwicklung des modernen Buchdrucks, den sie sich gleichzeitig zur Vervielfältigung ihrer Schreibvorlagen zunutze machten. Die Kalligrafie ist auch nicht mehr so bedeutungsvoll wie damals; als Kunstform und Hobby ist sie heute trotzdem noch lebendig und bewahrt die alten Formen der Schreibschriften. Gleichzeitig entwickeln sich immer neue, experimentelle Formen. Inzwischen ist es eine Kunst, die für jeden zugänglich ist, sie geht weit über das Schreiben schöner Einladungskarten hinaus.

Unsere Schreibgewohnheiten teilen sich auf in einen analogen und einen digitalen Teil. In beiden Bereichen kann es zu außergewöhnlich schlechten und ebenso zu außergewöhnlich schönen Ergebnissen kommen. Beide Bereiche haben ihren Nutzen und ihre Berechtigung, der eine ist größer, der andere kleiner. Welche Bedeutung wir welchem Bereich zusprechen, ist unsere eigene Entscheidung. Frei nach dem Motto: Jeder wie er mag!

* *Cornelia Funke schrieb als Kinder- und Jugendbuchautorin populäre Romanreihen wie die »Tintenherz«-Trilogie und die »Wilden Hühner«.*

* *Zitat von Cornelia Funke aus dem FAZ-Artikel »Die Handschrift soll Gedanken fliegen lassen« von Christian Füller, Berlin 2014.*

Hämmern tief in den Flaschenhals.

„Hat das Schiff auch eine Besatzung?" fragte Jacob.

„Wenn es gewünscht wird", erwiderte Julius Brahms, während er sich auf von dem Hocker erhob, auf dem er saß.

„Aber ich rate davon ab. Irgendwann versuchen sie durch den Korken zu brechen. Und wenn man sie herauslässt, sind es bisweilen sehr unangenehme Charaktere."

Er sprach mit starkem Hamburgischen Akzent, jedes S ~~scharf und~~ spitz wie die Nadeln, mit denen seine Heinzel die Segel nähten. Julius Brahms war ein ~~kl großer~~ stämmiger ~~schwerer~~ untersetzter Mann mit plumpen Händen, denen man nicht zugetraut hätte, daß er sie Schiffe wie das in der Flasche baute. Aber ~~der Zauber funktionierte nur, wenn~~ es hieß über ihn, daß es seine Meisterschaft war, die den Zauber erschuf, und nicht die der Heinzel.

„Was kann ich für Euch tun?"

Jacob blickte sich um. „Das ist eine bescheidene Werkstatt ~~für~~ für einen Meister wie Euch."

„Es ist das Haus, in dem ich aufgewachsen bin. Warum sollte ich ein anderes wollen?"

„Der König von Lothringen hat ihm ein Schloß in Aquitanien angeboten." Man hörte dem Heinzel an, daß er ~~seinen Meister für einen Dummkopf hielt~~ die Entscheidung seines Meisters, stattdessen weiter in einem zugigen alten Fachwerkhaus in Hamburg zu wohnen.

„Jacob mochte Julius Brahms.

{128} Eine Seite aus dem Manuskript »Weihnachtszauber in Hammaburg« von Cornelia Funke

Füller, Kuli & Faserschreiber

Neuzeitliche Schreibgeräte

Was ist das Nervigste am Schreiben mit Feder und Tinte? Genau: das ständige Eintauchen, um die Feder aufzufüllen. Lösungsansätze für dieses Problem gab es viele, dauerhaft durchgesetzt haben sich nur wenige. Die Tinte sollte nicht nur im Gerät gespeichert werden, sie musste auch gleichmäßig wieder austreten – ohne Sturzbäche zu verursachen. Den bemerkenswertesten Ansatz Ende des 19. Jahrhunderts hatte der Versicherungsmakler Lewis Edson Waterman. Es gibt eine Anekdote, dass ein defektes Schreibgerät mit besagten Sturzbächen einen Vertragsabschluss Watermans torpedierte. Er entwickelte daraufhin den ersten modernen Füllfederhalter, der mithilfe des Kapillarprinzips* einen gleichmäßigen Tintenfluss gewährleistete. Der Tintenleiter wurde mit hauchfeinen Kanälen versehen, die nur wenig Tinte hinaus- und kleine Luftbläschen hineinließen. Letztere verhinderten ein Vakuum und sorgten für einen Druckausgleich im Tintenreservoir. (Obwohl bereits früher erfunden, setzte sich die Patrone als bevorzugter Tintenspeicher erst in den 1950er- und -60er-Jahren durch.) Sein Patent meldete Waterman 1884 an, kurz danach gründete er seine eigene Firma.

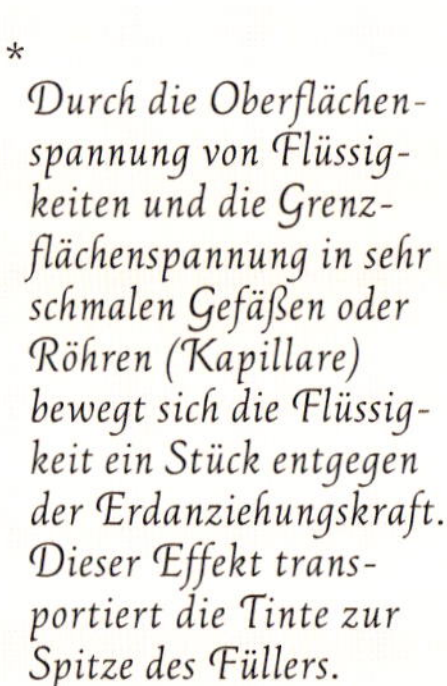

** Durch die Oberflächenspannung von Flüssigkeiten und die Grenzflächenspannung in sehr schmalen Gefäßen oder Röhren (Kapillare) bewegt sich die Flüssigkeit ein Stück entgegen der Erdanziehungskraft. Dieser Effekt transportiert die Tinte zur Spitze des Füllers.*

Der Kugelschreiber ist ein wenig jünger als der Füllfederhalter, wobei es auch hier bereits 1888 ein Patent gab, das mit Federdruck und Metallkugeln funktionieren sollte, jedoch nicht zur Umsetzung kam (vermutlich aufgrund von Tintenproblemen). 1938 meldete der ungarische Maler und Ingenieur László Bíró gemeinsam mit seinem Bruder György eine Vorform des Kugelschreibers in Ungarn und Amerika an. Der endgültige Durchbruch gelang ihnen

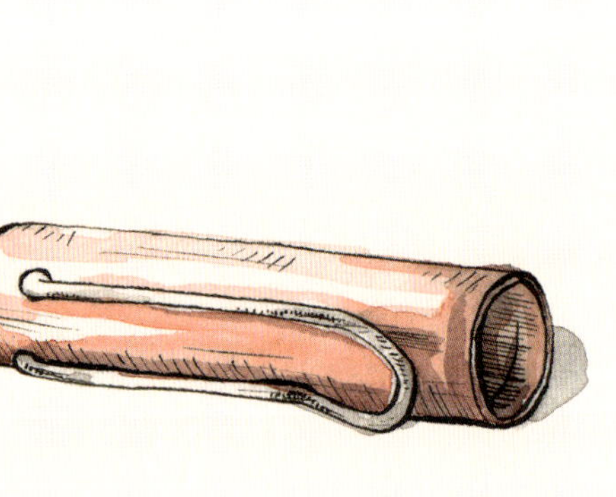

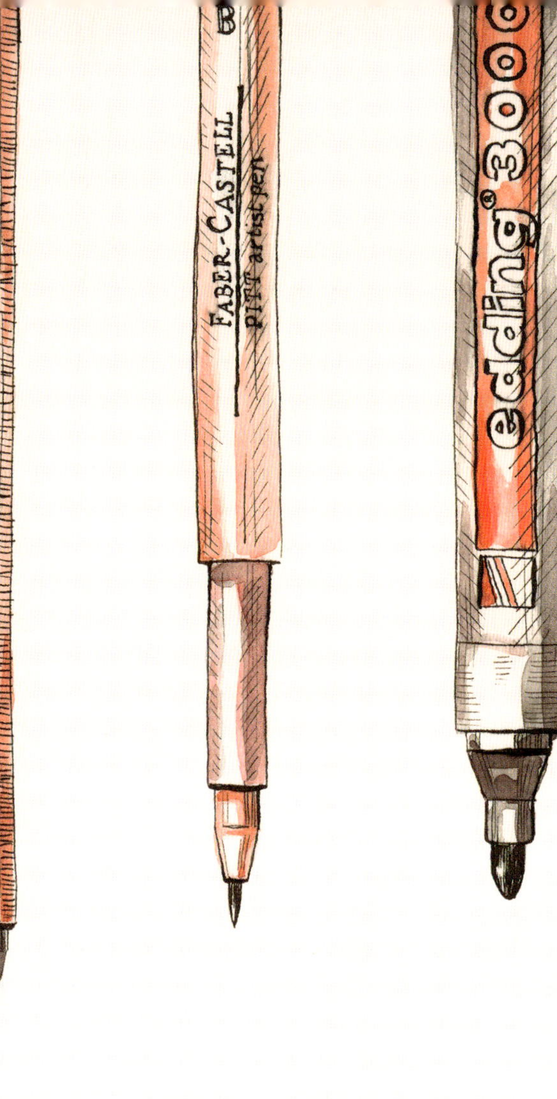

{129} *Moderne Schreibwerkzeuge aus unserem Alltag; von links nach rechts: Füller, Kugelschreiber, Fineliner, Pinselstift und Marker*

in Argentinien (dorthin flohen die Brüder aufgrund des Zweiten Weltkrieges) mit einer dickflüssigen Tinte und einer Metallkugel. Die kleine Stahlkugel war in Messing eingefasst, konnte innerhalb dieser Fassung rotieren und übertrug dadurch die Tinte beim Schreiben aufs Blatt Papier. 1944 wurde die britische Luftwaffe mit Kugelschreibern ausgestattet, weil Füller in der Luft kaum zu gebrauchen waren. Vom Erfinder Bíró ist uns vor allem der Name geblieben, heißt der Kugelschreiber doch auf Englisch *biro*.

Im asiatischen Raum hat das Schreiben mit Pinseln eine lange Tradition. Demnach ist es nicht verwunderlich, dass die Japaner als Erfinder des Filzstifts gelten – ist er doch im weitesten Sinne ein Pinsel mit Tintenspeicher. Wann genau der erste Faserschreiber hergestellt wurde ist unklar. Sein Herzstück ist die Mine, früher aus Filz oder Tierhaaren, heute überwiegend aus Kunststofffasern, die sich mit Tinte vollsaugt. Die Tinte gelangt durch die Kapillarkraft vom Speicher zur Spitze – mechanische Bauteile werden nicht benötigt. Die Stiftspitze des Fineliners, der in den 1970er- und -80er-Jahren auf den Markt kam, wurde für die besonders feinen Strichstärken aus Kunststoff gefertigt und mit Kapillarkanälen versehen. Die Varianten von Faserschreibern sind noch zahlreicher als die der anderen Schreibgeräte. Es gibt sie nicht nur in allen möglichen Strichstärken und Farben (gerne auch mit fluoreszierender Tinte), sondern auch wasserlöslich oder permanent.

Für das analoge Schreiben sind Füller, Kuli und Filzer die Werkzeuge unserer Zeit.

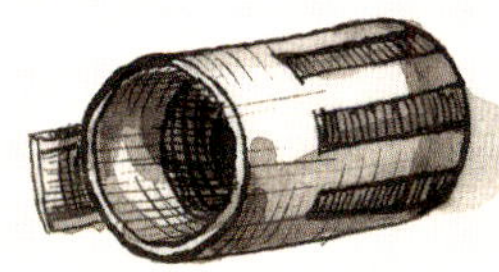

II.

Diskussion über die Schreibschrift

Andere Länder, andere Ansichten

{130} Rik Wouters
Zeichnung einer schreibenden Frau in Kombination mit dem Schriftzug »Schreibschrift?«

schrift?

Ist es wichtig, flüssig zu schreiben, oder ist das Schreiben per Hand schon überflüssig? Eine berechtigte Frage, die die Gemüter erhitzt. Momentan befinden wir uns in einer Zeit des Umbruchs (vielerorts begegnet man der Bezeichnung digitale Revolution) und das nicht nur im deutschsprachigen Raum. In vielen Ländern wird über den Unterricht der Zukunft beratschlagt, der Schreibunterricht ist dabei ein wichtiger Bereich. Obwohl jedes Land nach seinen eigenen Schreibvorlagen lehrt und seine eigene Einstellung gegenüber der Hand- und Schreibschrift hat, sind viele vergleichbare Tendenzen zu beobachten. Schon seit geraumer Zeit wird lebhaft diskutiert, ob Schreibschriften noch zeitgemäß sind oder doch eher antiquiert. Wir haben zudem eine Methode des noch schnelleren Schreibens entdeckt – besser gesagt, wir haben das Tippen entdeckt. Sollten Kinder aufgrund zunehmender Digitalisierung nicht vielmehr früh mit dem Tastschreiben beginnen?

Finnland hat diese Frage für sich 2016 mit einem deutlichen Ja beantwortet. Die Nachricht, dass dort die Schreibschrift abgeschafft werde, verbreitete sich wie ein Lauffeuer. Finnland gilt aufgrund seines Schulsystems und seiner guten Pisa-Ergebnisse für viele europäische Länder seit Langem als Vorbild. Offiziell wird die Schreibschrift seit 2016 nicht mehr an finnischen Schulen vermittelt (wobei die Lehrer die Wahl haben, es trotzdem zu tun). Die Gründe sind bekannt und kommen auch bei uns immer wieder auf den Tisch: Das Erlernen einer verbundenen Schrift dauert zu lange! Sie ist in ihrer Ausführung komplexer, wodurch sie Schülern motorisch überfordern könnte! Statt den Schülern die Grundlagen des verbundenen Schreibens beizubringen, sollen sie erst eine Druckschrift lernen, um dann umso früher mit dem Schreiben am Computer zu beginnen. Eine schnelle, saubere Sache (ohne tintenbekleckste Finger), bei der die Konzentration stärker auf dem zu schreibenden Inhalt liegt – so zumindest argumentieren die verantwortlichen Stellen in Finnland. Diese Form des Schreibunterrichts wird als alltagstauglich angesehen, tippen doch die meisten Schüler in ihrer Freizeit mehr auf irgendwelchen Geräten als mit einem Stift auf Papier zu schreiben.

In Deutschland soll die Digitalisierung des Unterrichts ebenfalls vorangetrieben werden, doch bei Weitem nicht so drastisch wie in Finnland, da befürchtet wird, dass die gesamte Entwicklung der Handschrift in Gefahr ist. Trotzdem werden in Deutschland und der Schweiz mit der Grund- und Basisschrift weitere Versuche der Vereinfachung der Schulschrift unternommen. Charakteristisch gesehen sind diese Ausgangsschriften mehr Druck- als Schreibschrift, die aber die Option zum verbundenen Schreiben bieten.

Ein großer Schritt in Richtung verstärkter Mediennutzung im Unterricht zeigte sich in den Niederlanden. 2013 eröffnete der Unternehmer Maurice De Hond mehrere sogenannte Steve-Jobs-Schulen, deren Kern ein digitalisiertes Schulkonzept ist. Fast der gesamte Unterricht findet dort von Anfang an am Tablet statt, auch hier lernen die Kinder nur noch eine Druckschrift. Inzwischen wurde der Fortschritt jedoch zum Rückschritt. Unter anderem aufgrund der kostspieligen Ausstattung konnte sich das Konzept nicht durchsetzen, viele Schulen rücken bereits wieder davon ab (auch wenn sie weiterhin mit modernster Technik arbeiten). Interessanterweise hat es sich in Australien ähnlich zugetragen. Nachdem 2012 Computer und Tablets in vielen Schulen eingeführt wurden, hat man dies bereits teilweise wieder rückgängig gemacht, weil ein allzu spielerisches Nutzungsverhalten zu Problemen geführt hat.

Die meisten Staaten der USA legen ebenfalls nicht mehr viel Wert auf das handschriftliche Schreiben. Dort wird den Jungen und Mädchen in einem einjährigen intensiven Vorschulprogramm und in der ersten Klasse das handschriftliche Schreiben beigebracht, danach hat das flüssige Schreiben am Computer Vorrang.

Welche Veränderungen sich bewähren und welche nicht, wird die Zukunft zeigen. Viele Auswirkungen digitaler Hilfsmittel – guter wie schlechter – sind noch gar nicht erforscht.

Erwachsene schreiben ohnehin, wie sie wollen und nicht, wie sie es gelernt haben. Nur in den seltensten Fällen schreiben sie eine komplett verbundene Schrift, aber genauso rar ist eine gänzlich unverbundene Handschrift! Wir ziehen bei einem schnellen Schreibtempo automatisch Buchstaben zusammen und schaffen Ligaturen. Bei der ganzen Diskussion um das Lernen handschriftlicher Druck- oder Schreibschriften ist das eigentlich Wichtige doch, dass wir das handschriftliche Schreiben überhaupt lernen. Nicht nur die Buchstabenformen, sondern das zügige Schreiben an sich. Als motorisches und kognitives Training fördert es die Lernfähigkeit auf eine Weise, wie es dem Tippen niemals möglich ist. Es ist mehr als das reine Produzieren von visuellen Zeichen. Von Hand schreiben ist Gehirntraining!

Dass den Kindern heute die motorischen Fähigkeiten fürs handschriftliche Schreiben fehlen, ist eins der am häufigsten genannten Argumente in dieser ganzen Diskussion. Dabei ist Motorik Übungssache. Sie kann verbessert werden mit dem richtigen Training und einem gewissen Zeitaufwand. (Ich starte schließlich auch nicht untrainiert bei einem Marathon und erwarte, ihn durchzuhalten.) Eine gute Feinmotorik brauchen wir nicht nur beim Schreiben, sondern auch in anderen Lebensbereichen. Die Frage, die sich mir bei dieser ganzen Diskussion aufdrängt, ist: Wenn Schüler sowieso in ihrer Freizeit viel tippen (und dies somit freiwillig üben), warum wird dann die Zeit in der Schule nicht fürs handschriftliche Schreiben genutzt (was schwieriger zu erlernen ist)? Die ersten gedruckten Schriften entstanden auf Basis von Handschriften – sollten wir, bevor wir zum technischen Schreiben inklusive ausdrucken wechseln, nicht ebenfalls die Grundlagen beherrschen? Das Schreiben von Hand (das sollte inzwischen aus diesem Buch hervorgegangen sein) ist eine wichtige Technik und das schon seit langer Zeit. Es hat eine kulturelle Bedeutung, die bewahrt werden sollte (damit meine ich das handschriftliche Schreiben an sich und nicht eine Schreibschrift im Speziellen). Gleichzeitig war Schreiben immer auch Veränderung. Das Schreiben entwickelte sich stets weiter, nicht mehr zeitgemäße Formen verschwanden (oder wurden verdrängt), neue Techniken kamen hinzu und führten wiederum zu Veränderungen. Das Tastschreiben ist eine neue, durchaus praktische Entwicklung – die ich nicht missen möchte. Trotzdem ist es mitunter eine Erleichterung, hin und wieder den Computer auszuschalten und mit einem Stift ein paar Zeilen zu Papier zu bringen. Auch auf sinnlicher Ebene hat Papier doch eine gänzlich andere Oberflächenstruktur als eine glatte Tastatur oder ein Touchscreen.

»Techniken verändern,

die **Kunst** bleibt dieselbe.«

Claude Monet

{131} Die Zeichnung »De Pennelikkers« von Pieter de Josselin de Jong aus dem Jahr 1885 zeigt Berufsschreiber bei der Arbeit. Mit dem (meist abwertend gemeinten) Begriff »Pennelikker/Pennenlikker« wurden Büroangestellte bezeichnet.

Die Tastatur als Schreibinstrument

Schreiben im digitalen Zeitalter

Heutzutage wird getippt. Statt der früheren Kratzgeräusche der Feder auf Papier, hört man heute überwiegend das schnelle Klappern (bei manchen Menschen ist es eher ein Hämmern) von Fingern auf Tasten. Tastaturen sind aus unserem Alltag nicht mehr wegzudenken, man findet sie an oder auf den meisten technischen Geräten. Sie dienen als Eingabegeräte für Zeichen, zum Schreiben von Texten oder zum schnellen Ausführen von Programmen durch Tastenkombinationen.

Die Schreibmaschine ist sozusagen der Urahn der Tastatur, wurde bei ihrer Entwicklung doch bereits mit den verschiedensten Möglichkeiten der Tastenanordnung experimentiert. Christopher Latham Sholes (der später als Konstrukteur für die Remington-Werke tätig und maßgeblich an der ersten fabrikmäßig hergestellten Schreibmaschine beteiligt war) begann irgendwann, die Buchstaben nicht mehr alphabetisch anzulegen, sondern die Verteilung gänzlich umzustrukturieren. Die am häufigsten benötigten Buchstaben kamen auf die am besten erreichbaren Plätze, unter der Voraussetzung, dass sich beim schnellen Schreiben die Typenhebel* nicht verhakten. Mit der Zeit wurde die Tastaturbelegung modifiziert und an die Eigenheiten der jeweiligen Landessprache angepasst. Deshalb sind »Z« und »Y« im deutschsprachigen gegenüber dem englischsprachigen Raum vertauscht. Gleichzeitig unterscheidet sich das Schweizer Tastenfeld vom deutsch-österreichischen, gibt es dort doch mehrere Landessprachen.

Schließlich wurde die Schreibmaschine vom Computer verdrängt, geblieben ist jedoch die Tastatur als Eingabegerät. (Zwischenzeitlich gab es auch Schreibmaschinen mit einem extra Bildschirm.) Typenhebel können beim Tippen nicht mehr kollidieren, gearbeitet wird heute mit moderner Technologie aus Elektrosignalen, Bildschirmsensoren oder inzwischen auch Lasertechnik. Bei den meisten Menschen, die viel am Computer arbeiten, ist die Geschwindigkeit des Tippens weitaus höher als die des handschriftlichen Schreibens (ich bin da keine Ausnahme). Als weiterer Vorteil gilt, dass die meisten Druckschriften sich durch eine bessere Lesbarkeit gegenüber der Handschrift auszeichnen, weil die individuellen Eigenheiten des Schreibers – die einer Handschrift ihre eigene persönliche Note verleihen – außen vor bleiben.

* *Bei den Typenhebelschreibmaschinen waren die einzelnen Druckformen der Buchstaben an langen Hebeln befestigt, die beim Druck auf die entsprechende Taste auf die Walze schlugen und so ein Abbild des Buchstaben druckten.*

{132} *Modell einer standardmäßigen (deutschen) Tastatur eines Laptops*

III. Die Zukunft der Schrift

Tendenzen & Entwicklungen

Wie wird sich unsere Schriftkultur weiterentwickeln? Eine durchaus interessante Frage, wenn man genauer darüber nachdenkt. Hellsehen kann natürlich niemand, aber Vermutungen anstellen.

Die Blütezeit handgeschriebener Dokumente ist vorüber (eine wenig überraschende Einsicht), der mehrheitliche Schriftverkehr hat sich in den digitalen Bereich verlagert. Computer und Internet haben unsere Kommunikationsstrukturen verändert und wie der Buchdruck zu seiner Zeit für eine Umverteilung in den Aufgabenbereichen gesorgt – was freilich der Schrift an sich als zentralem Kommunikationsmittel (neben der Sprache) nicht geschadet hat. Das Prinzip der Alphabetschrift, das sich vor ein paar Tausend Jahren durchsetzte, hat immer noch Bestand: egal, ob analog oder digital erzeugt. In unserer Kultur wird unser gesamtes Leben, beginnend bei der (schriftlichen) Geburtsurkunde bis hin zum abschließenden Totenschein, durch Schrift dokumentiert, strukturiert und geordnet.

Um den Wert der Schrift als wirtschaftliches und verwaltungstechnisches Werkzeug wusste man bereits im antiken Mesopotamien – der Großteil der antiken Keilschrifttafeln war die damalige Buchhaltung. Ferner war die Schreibkunde als Teil der Bildung seit jeher ein machtvolles Instrument. In früheren Jahrhunderten wussten Institutionen wie die Kirche und kluge Herrscher wie Karl der Große diesen Vorteil zu ihren Gunsten zu nutzen. So gingen soziale Unterschiede und Benachteiligung stets mit ihr einher. Den meisten unter uns ist dieses Bewusstsein für die kulturelle Bedeutung der Schrift im Alltag gar nicht präsent, was wiederum zeigt, wie tief diese Kulturtechnik verwurzelt ist. Wir sehen das Schreibenlernen als selbstverständlich und nicht als Privileg an, doch vor ein paar Hundert Jahren war das noch ganz anders. In unserer Gesellschaft haben wahrscheinlich mehr Menschen Schriftkenntnisse als jemals zuvor (von einem Verfall der Schriftkultur kann also definitiv nicht die Rede sein). Gleichzeitig gerät man als unkundiger Mensch schnell ins Abseits beziehungsweise an den Rand der Gesellschaft, ist man doch von einer zentralen Kommunikationsform ausgeschlossen.

Schriften waren früher und sind auch heute noch mit dem Begriff der Identität verflochten. Obwohl das lateinische Schriftsystem weltweit am weitesten verbreitet ist (in der Kolonialzeit gelangte es in viele Teile der Welt), wird es in jedem Land der eigenen Sprache angepasst. Haben wir im deutschsprachigen Raum auch die deutsche Schrift aufgegeben, so gibt es mit den Umlauten und dem »ß«

{133} Die Hand mit Feder ist ein Ausschnitt aus Jan van de Veldes »Spieghel der schrijfkonste« von 1605 und der Smiley ein typisches Ausdrucksmittel unserer heutigen Kommunikation.

in Deutschland und Österreich Modifizierungen. Die Verbindung von Identität und Handschrift ist noch offensichtlicher, ist sie doch gänzlich individuell. Wobei natürlich auch unsere Handschrift sich verändert. Abhängig von Schreiberfahrung und Lebensalter sowie dem aktuellen Zweck des Schreibens – Glückwunschkarte oder Einkaufszettel zum Beispiel – weist sie unterschiedliche Schattierungen auf. Die persönliche Unterschrift gilt bis heute als der schriftliche Identitätsnachweis schlechthin – aber das nur am Rande.

Nachricht schreiben

Die »Internetsprache« mit dem höchsten Anteil an der digitalen Kommunikation ist Englisch, geschrieben im lateinischen Schriftsystem. Mit dem stetigen Zuwachs an Internetbenutzern in aller Welt wird auch der Austausch immer vielschichtiger oder besser gesagt mehrsprachiger. Das ist wie ein riesiger virtueller Marktplatz, auf dem Menschen aus der ganzen Welt zusammenkommen, und jeder bringt seine Schrift und Sprache mit. Die elektronischen Medien ermöglichen sogar die Kommunikation in unterschiedlichen Sprachen über den gleichen Sachverhalt. So musste ich für dieses Buch auch einige Institutionen im Ausland anschreiben, darunter das Nationalmuseum in Neapel. Weil ich kein Italienisch sprechen, geschweige denn schreiben kann, formulierte ich meine Anfrage auf Englisch. Ich erhielt *subito* eine Antwort – auf Italienisch. Glücklicherweise gibt es inzwischen relativ gute Übersetzungsprogramme im Internet. Ein Hoch auf die Technik!

In unserer heutigen schriftlichen Kommunikation knüpfen wir wieder Verbindungen zu altbekannten (vergangenen) Formen. Die Rede ist von Ideogrammen* und Bildzeichen. Sie sind nicht zwangsweise in unser Schriftsystem integriert, sondern werden häufig als Ergänzung genutzt – zum Beispiel »%«, »§«, »€«. Die von uns und auch weltweit viel genutzten arabischen Zahlzeichen weisen gleichfalls ideografische Eigenschaften auf, steht doch zum Beispiel die »1« für ein ganzes Wort. Meine persönlichen Favoriten sind die emotionalen Erweiterungen unserer Schrift durch Icons und Emojis (man sollte es mit dem Gebrauch nur nicht übertreiben und ganze Filme oder Songtexte mit Emojis nacherzählen, das ist dann doch zu anstrengend).

{134} Das 1680 entstandene Gemälde »De briefschrijfster« (»Der Briefeschreiber«) von Frans van Mieris der Ältere in Zusammenspiel mit einem digitalen Nachrichtenfeld der heutigen Zeit

* *Ideogramme sind Schriftzeichen, die keine Lautungen, sondern ganze Begriffe vertreten – wie bei den Hieroglyphen.*

Wenn wir allerdings zurückgehen, weg von der digitalen Schrift hin zum analogen Schreiben, hängt immer noch die Frage im Raum, wie sich das handschriftliche Schreiben weiter- oder auch zurückentwickeln wird. Die Schreibschrift als Ausgangsschrift für Schulen schwindet langsam dahin, das ist offensichtlich. Aber das sind vor allem Schreibvorlagen, die mitnichten unsere Schreibkultur ausmachen. Werden in Schulen auch vermehrt Druckschriften gelehrt (die noch verbunden werden können), das Wichtige ist, dass Kinder überhaupt lernen, mit der Hand zu schreiben, und vor allem die Zeit haben, eine eigene Handschrift zu entwickeln, die wie schon erwähnt meistens mindestens Teilverbindungen aufweist.

Im Zuge meiner Recherchen zu diesem Buch habe ich viele Artikel und Texte gelesen, um einen Überblick über aktuelle Schriftentwicklungen zu bekommen. Nicht selten wird der Untergang der Handschrift prophezeit (und das scheint sich auch in den Köpfen vieler Menschen festgesetzt zu haben). Das erscheint mir jedoch eher unwahrscheinlich. In einer Welt, in der man täglich droht, in einem Meer aus elektronischen Nachrichten unterzugehen, haben einige handgeschriebene Zeilen eine ganz neue Bedeutung bekommen. Die Wertschätzung ist dabei ein entscheidender Faktor. Wir investieren mehr von uns selbst in einen handschriftlichen Schriftzug, als es uns bei einem elektronischen überhaupt möglich wäre – schließlich ist die Handschrift im wahrsten Sinne des Wortes handgemacht. Das *Handlettering*, das sich in den letzten Jahren immer größerer Beliebtheit erfreut, greift diesen Grundgedanken wieder auf. Es geht um die Kunst des Buchstabenzeichnens und ist verwandt mit der Kalligrafie, aber im Gegensatz zu ihr werden Schriftzüge beim *Lettering* eher gezeichnet als geschrieben – handgemacht und kreativ.

Natürlich führt die Handschrift im Vergleich zu früheren Zeiten ein Nischendasein, aber dort kann sie sich behaupten! Solange Bedarf und Nutzen vorhanden sind, stirbt die Handschrift nicht aus. Sie hat sich als schnelles, unkompliziertes Instrument bewährt und hat auch heute noch als Werkzeug ihren Nutzen (wenn auch nicht immer als formschönes). Wie viel jeder einzelne von uns mit der Hand schreibt, darüber entscheiden wir selber. Es ist unsere Ein-

stellung zum Schreiben, die ausschlaggebend ist. Die elektronische Textverarbeitung muss also nicht zwangsläufig den Verzicht auf die Handschrift bedeuten. Der Mensch wird auch in Zukunft weiter lesen und schreiben, zwar vermehrt mit elektronischen Mitteln, aber nicht ausschließlich. Außerdem ist der Zugang zur elektronischen Kommunikation sehr ungleich verteilt und auch wenn heute mehr Menschen lesen und schreiben können als je zuvor, ist immer noch eine soziale Ungleichheit vorhanden.

Unsere Schriftkultur wird sich wie in der Vergangenheit auch in der Zukunft stetig wandeln und verändern, doch bleibt sie vorerst ein Hauptbestandteil unserer Kommunikation. Vielleicht erleben sogar die Schreibschriften eine erneute Renaissance …

{135} Pinselschrift mit Aldusblatt, einem Zierornament, das nach dem italienischen Buchdrucker Aldus Manutius aus dem 15. Jh. benannt ist; er verwendete dieses herzförmige Blatt als Schmuck in seinen Büchern und auch heute noch findet man es in einigen Satzschriften.

Ein unbeschriebenes Blatt …?

Abwarten, was die Zukunft bringt

Glossar

A ALDUSBLATT: Benannt nach dem Verleger Aldus Manutius, hat es seinen Ursprung im antiken *Hedera*-Zeichen (lateinisch »Efeu«), das in der Renaissance als Ornament wiederentdeckt und zur heutigen Herzform stilisiert wurde.

AKZIDENZSCHRIFT ODER AKZIDENZIA: Eine Schriftart, die als Auszeichnungs- oder Titelschrift Verwendung findet.

ALTITALIENISCHE BUCHSCHRIFT: Entwickelte sich aus der jüngeren römischen Kursive und war bemerkenswert aufgrund der Verwendung altrömischer tironischer Noten und Abkürzungen.

ANTIQUA: Bezeichnet im Allgemeinen rundbogige Schriftarten römischen Ursprungs, basierend auf dem lateinischen Alphabet.

AUSGANGSSCHRIFT: Ist eine Schreibvorlage zur optischen Orientierung beim Schrifterwerb in Schulen.

B BANDZUG: Richtungsabhängige Strichstärkenkontraste beim Schreiben.

BASTARDA: Spätmittelalterliche Schriftart, die als Buch- und Kursivschrift verwendet wurde.

BENEVENTANISCHE SCHRIFT: Eine regionale Schrift, die bis ins 13. Jahrhundert im Kloster Monte Cassino und in Benevent geschrieben worden sein soll und aus der jüngeren römischen Kursive entstand.

BORMANN-ERLASS: Nationalsozialistischer Erlass, der am 3. Januar 1941 die Nutzung der deutschen Schriften untersagte.

C CALAMUS: Antikes Schreibgerät aus Schilfrohr, auch Rohrfeder genannt.

CANCELLARESCA: Bezeichnet die handgeschriebenen, kursiven Schreibschriften in der Renaissance, die in Schreibstuben und Kanzleien verwendet wurden.

CAPITALIS MONUMENTALIS: Auch Lapidarschrift (von lateinisch *lapis*: »Stein«) genannt, ist eine römische, in Stein gemeißelte Versalschrift.

CAPITALIS QUADRATA: Von der *Monumentalis* abgeleitete Buchschrift der Römer.

CAPITALIS RUSTICA: Schneller schreibbare römische Buchschrift mit schmaleren, geschwungeneren Buchstabenformen.

CAROLINA: Andere Bezeichnung für die karolingische Minuskel, eine frühmittelalterliche Buchschrift, die durch die Schreibreform Karls des Großen in ganz Europa Verbreitung fand.

CODEX: Mittelalterliches Buch, bestehend aus Pergamentlagen, die zwischen zwei Holzdeckeln eingebunden waren.

D DECKSTRICH: Ist in der Typografie die horizontale Linie beim »T« oder »Z«, im Zusammenhang mit den Ausgangsschriften sind überlagerte Linien entgegen der Schreibrichtung gemeint.

DEUTSCHE KURRENTSCHRIFT: Auch deutsche Schreibschrift genannt, gehört zur Familie der gebrochenen Schriften und war seit der Renaissance im gesamten deutschsprachigen Raum verbreitet.

DEUTSCHE NORMALSCHRIFT: War die von den Nationalsozialisten eingeführte lateinische Ausgangsschrift.

DREHRICHTUNGSWECHSEL: Bezeichnet beim Schreiben das Aufeinanderfolgen einer Links- und einer Rechtsdrehung oder umgekehrt.

DUKTUS: Die charakteristische Art einer Schrift.

F FRAKTUR: Eine Schriftart aus der Familie der gebrochenen Schriften, die vom 17. bis 20. Jahrhundert die meistbenutzte deutsche Druckschrift war.

G GEBROCHENE SCHRIFTEN: Eine Sammelbezeichnung für Schriften, deren verbindendes Merkmal die völlige oder teilweise Brechung der Rundungen von Buchstaben war.

GLEICHZUG: Bezeichnet die konstante Strichbreite beim Schreiben.

GOTICO-ANTIQUA: Auch *Fere humanistica* (fast humanistisch) oder Petrarca-Schrift (nach dem Dichter) genannt, war eine Minuskelschrift, die noch als gotisch galt, aber der humanistischen Schrift bereits nahe stand.

GOTISCHE KURSIVE: War zur Zeit der gotischen Minuskel die Gebrauchsschrift und ist eine vereinfachte und schreibflüssigere Variante.

GOTISCHE MINUSKEL: Fand hauptsächlich Verwendung als Buchschrift und entstand aus der karolingischen Minuskel.

GOTISCHE SCHRIFTEN: Siehe gebrochene Schriften.

GUTENBERG-BIBEL: War das erste von Gutenberg gedruckte Buch und ist auch als »B42« (aufgrund der Zeilenanzahl) bekannt.

H Halbkursive: War im 7. Jahrhundert in Italien als Buchschrift in Gebrauch und wird als Bindeglied zwischen der Minuskelkursive und ihren regionalen Abwandlungen (Nationalschriften) gesehen.
Halbunziale: Eine frühmittelalterliche Buchschrift, die Elemente aus der *Capitalis* und den römischen Kursiven enthielt, mit der Unziale aber wenig gemeinsam hatte.
Hermersdorfer: Eine Weiterentwicklung der Offenbacher Schrift durch Martin Hermersdorfer.
Humanistische Kursive: Entstand in Italien zur Renaissancezeit und ist die Urform der lateinischen Schreibschrift.
Humanistische Minuskel: Eine humanistische Schrift, die auf der Carolina basierte und die Grundlage für die Antiqua-Schriften bildete.
I Ideogramm: Zeichen, die keine Lautungen, sondern ganze Begriffe vertreten.
Insulare Schriften: Sammelbegriff für die irischen und angelsächsischen Schriften im Frühmittelalter.
K Kanzleikurrent: Wird auch als deutsche Kanzleischrift bezeichnet, war zwischen dem 15. und 19. Jahrhundert für amtliche Schriftstücke und Dokumente gebräuchlich.
Karolingische Minuskel: Siehe Carolina.
Kurrentschrift: Synonym für Schreibschrift, Laufschrift, Kursive.
Kursive: Siehe Kurrentschrift.
L Langobardische Schrift: Eine Schrift, deren Existenz umstritten ist, weil sich verschiedene Einflüsse vermischen und nicht unbedingt von einer einheitlichen Schrift gesprochen werden kann.
Ligaturen: Verschmelzungen mehrerer aufeinanderfolgender Buchstaben, zum optischen Ausgleich im Schriftbild.
Littera antiqua: Eine von Poggio Bracciolini entwickelte Schrift, ausgehend von der humanistischen Minuskel, die zur beliebten Buchschrift des 15. Jahrhunderts wurde.
Luftsprünge: Bestehen aus der gleichen Bewegung wie Deckstriche, werden aber in der Luft statt auf dem Papier ausgeführt.
M Majuskel: Synonym für Großbuchstabe oder Versal.
Merowingische Schrift: Entwickelte sich aus der jüngeren römischen Kursive und wurde in der Region des heutigen Frankreichs verwendet.
Minuskel: Synonym für Kleinbuchstabe.
Missalschrift: Andere Bezeichnung für die Textura, weil sie oft Verwendung in kirchlichen Messbüchern (sogenannten *Missalen*) fand.
N Nationalschriften: Unter diesem Begriff wurden die Schriften nachrömischer Zeit zusammengefasst, die eigentlich eher regionale Abwandlungen sind.
O Offenbacher Schrift: Eine von Rudolf Koch in deutscher und lateinischer Ausführung entworfene Schulschrift, die in Südwestdeutschland gelehrt wurde.
P Päpstliche Kuriale: Die frühmittelalterliche Kanzleischrift der römischen Kurie.
R Römische Kursive: Waren römische Schreibschriften für den alltäglichen Gebrauch, die sich in die ältere und jüngere römische Kursive aufgliedern.
Rotunda: Mittelalterliche Buchschrift, die aufgrund ihrer für eine gebrochene Schrift runderen Buchstabenformen auch als rundgotisch oder halbgotisch bezeichnet wurde.
Rudolf-Koch-Kurrent: Siehe Offenbacher Schrift.
S Schnürlischrift: Die umgangssprachliche Bezeichnung für die Schweizer Schulschreibschrift.
Schnurzug: Siehe Gleichzug.
Schwabacher: Eine deutsche Druckschrift aus der Familie der gebrochenen Schriften, die im 15. und 16. Jahrhundert sehr populär war und als Schrift der Reformation gilt.
Schwellzug: Durch Druck auf die Feder an- und abschwellende Linien.
Stilus: Antiker Schreibgriffel aus Holz, Horn, Knochen oder Metall zum Einritzen von Schriftzeichen in Wachstafeln.
Sütterlinschrift: Von Ludwig Sütterlin entwickelte deutsche Schulschreibschrift, die eine der bekanntesten Varianten der deutschen Kurrentschrift ist.
T Textura: Oft auch Textur, Gitterschrift oder Missalschrift genannt, war eine der bekanntesten Buchschriften des Hochmittelalters und gehört zur Schriftfamilie der gebrochenen Schriften.

TIRONISCHE NOTEN: War ein etwa 4000 Zeichen umfassendes, römisches Kurzschriftsystem, angeblich entwickelt von Ciceros Sklaven Tiro.

TYPOGRAFIE: Der Fachausdruck für die Gestaltung von gedruckten und digitalen Schriftwerken in Abgrenzung zur handschriftlichen Ausführung; umfasst gleichzeitig eine Vielzahl einzelner Gestaltungsbereiche.

U UNZIALE: War eine antike Majuskelschrift für Bücher, die sich aus der älteren römischen Kursive entwickelte.

V VERSAL: Siehe Majuskel.

W WESTGOTISCHE SCHRIFT: Entwickelte sich aus der jüngeren römischen Kursive und wurde von den Westgoten von Gallien bis auf die Iberische Halbinsel verbreitet.

WECHSELZUG: Siehe Bandzug.

Quellen & weiterführende Literatur

1. SCHRIFT UND SCHRIFTLICHKEIT

I. Das Wesen der Schrift

FÖLDES-PAPP, KÁROLY: *Vom Felsbild zum Alphabet*. Stuttgart/Zürich, Belser Verlag, 1987.

FUNKE, FRITZ: *Buchkunde*. München, Saur, 1999.

HAARMANN, HARALD: *Universalgeschichte der Schrift*. Frankfurt/New York, Campus Verlag, 1990.

HARTMANN, CHRISTINE: *Kalligraphie. Die Kunst des schönen Schreibens*. Niedernhausen, Falken Verlag, 1986/87.

JACKSON, DONALD: *Alphabet. Die Geschichte vom Schreiben*. Frankfurt am Main, Wolfgang Krüger Verlag, 1981.

JESSEN, PETER: *Meister der Schreibkunst aus drei Jahrhunderten*. Stuttgart, Julius Hoffmann Verlag, 1923.

KAPR, ALBERT: *Ästhetik der Schriftkunst*. Leipzig, VEB Fachbuchverlag, 1977.

KAPR, ALBERT: *Schriftkunst. Geschichte, Anatomie und Schönheit der Lateinischen Buchstaben*. Dresden, VEB Verlag der Kunst, 1976.

KUCKENBURG, MARTIN: *Eine Welt aus Zeichen. Die Geschichte der Schrift*. Darmstadt, Konrad Theiss Verlag, 2015.

ROTHER, KATJA; SACHERS, JAN: *Die Schreibwerkstatt – Schrift und Schreiben im Mittelalter*. Zirndorf, G&S Verlag, 2008.

WEBER, HENDRIK: *Kursiv. Was die Typografie auszeichnet*. Sulgen, Niggli, 2010.

WENZEL, GABRIELE: *Hieroglyphen. Schreiben und lesen wie die Pharaonen*. München, Nymphenburger, 2001.

II. Die Unterteilung von Schriften

ANDREE, HANS: *Normal regular book roman. Ein Beitrag zur Schrift- und Typografiegeschichte*. Göttingen, Wallstein Verlag, 2013.

FUNKE, FRITZ: *Buchkunde*. München, Saur, 1999.

HOCHEDLINGER, MICHAEL: *Aktenkunde – Urkunden- und Aktenlehre der Neuzeit*. Wien, Böhlau Verlag, 2009.

JESSEN, PETER: *Meister der Schreibkunst aus drei Jahrhunderten*. Stuttgart, Julius Hoffmann Verlag, 1923.

KAPR, ALBERT: *Schriftkunst. Geschichte, Anatomie und Schönheit der Lateinischen Buchstaben*. Dresden, VEB Verlag der Kunst, 1976.

Kluge, Mathias (Hg.): *Handschriften des Mittelalters*. Ostfildern, Thorbecke Verlag, 2014.
Nerviger, Eugen; Beck, Lisa: *Schriftschreiben Schriftzeichnen*. München, Callwey Verlag, 1983.
Platze, Habs: *Klostergründung und Klosterchronik. Walter Heinemeyer zum 65. Geburtstag*. In: *Ausgewählte Aufsätze von Hans Patze*. Stuttgart, Thorbecke, 2002. S. 251–284.
Rother, Katja; Sachers, Jan: *Die Schreibwerkstatt – Schrift und Schreiben im Mittelalter*. Zirndorf, G&S Verlag, 2008.
Ruchatz, Jens: *Vom Tagebuch zum Blog. Eine Episode aus der Mediengeschichte des Privaten*. In: *Privatheit. Strategien und Transformationen*. Passau, Karl Stutz, 2013. S. 105–120.
Schönborn, Sibylle: *Das Buch der Seele – Tagebuchliteratur zwischen Aufklärung und Kunstperiode*. Berlin, De Gruyter, 2012.
Weber, Hendrik: *Kursiv. Was die Typografie auszeichnet*. Sulgen, Niggli, 2010.

III. Die Merkmale der Schreibschrift

Forsberg, Geith; Forsberg, Karl-Erik: *Schrift. Kleine Schule der Kalligraphie*. Hamburg, Friedrich Wittig Verlag, 1988.
Funke, Fritz: *Buchkunde*. München, Saur, 1999.
Hartmann, Christine: *Kalligraphie. Die Kunst des schönen Schreibens*. Niedernhausen, Falken Verlag, 1986/87.
Kapr, Albert: *Schriftkunst. Geschichte, Anatomie und Schönheit der Lateinischen Buchstaben*. Dresden, VEB Verlag der Kunst, 1976.
Nerviger, Eugen; Beck, Lisa: *Schriftschreiben Schriftzeichnen*. München, Callwey Verlag, 1983.
Tschichold, Jan: *Meisterbuch der Schrift*. Hamburg, Nikol Verlag, 2011.
Weber, Hendrik: *Kursiv. Was die Typografie auszeichnet*. Sulgen, Niggli, 2010.

IV. Die Bewegung des Schreibens

Forsberg, Geith; Forsberg, Karl-Erik: *Schrift. Kleine Schule der Kalligraphie*. Hamburg, Friedrich Wittig Verlag, 1988.
Hirt, Bernhard; Seyhan, Harren; Wagner, Michael; Zumhasch, Rainer: *Anatomie und Biomechanik der Hand*. Stuttgart, Georg Thieme Verlag, 2014.
Jeuk, Stefan; Schäfer, Joachim: *Schriftsprache erwerben – Didaktik für die Grundschule*. Berlin, Cornelsen Scriptor, 2013.
Klein, Dorothea: Mittelalter. Lehrbuch Germanistik. Verlag J. B. Metzler, 2015.
Marhofer, Christina: *Schreibenlernen mit graphomotorisch vereinfachten Schreibvorgaben*. Bad Heilbrunn, Verlag Julius Klinkhardt, 2004.
Nerviger, Eugen; Beck, Lisa: *Schriftschreiben Schriftzeichnen*. München, Callwey Verlag, 1983.
Nottbusch, Guido: *Handschriftliche Sprachproduktion. Sprachstrukturelle und ontogenetische Aspekte*. Tübingen, Max Niemeyer Verlag, 2008.
Pauli, Sabine; Kisch, Andrea: *Geschickte Hände – Handgeschicklichkeit bei Kindern*. Dortmund, Verlag Modernes Lernen, 2016.
Pauli, Sabine; Kisch, Andrea: *Linkshänder – Na klar!* Dortmund, Verlag Modernes Lernen, 2018.
Topsch, Wilhelm: *Grundkompetenz Schriftspracherwerb*. Weinheim, Beltz, 2005.

Onlinequellen:
Kirkilionis, Dr. Evelin: *Motorische Entwicklung*. In: Lexikon der Biologie. Heidelberg, Spektrum Akademischer Verlag, 1999. URL: https://www.spektrum.de/lexikon/biologie/motorische-entwicklung/44143. (01.07.2019)
Kyrieleis, Armin: *Hand*. In: Lexikon der Biologie. Heidelberg, Spektrum Akademischer Verlag, 1999. URL: https://www.spektrum.de/lexikon/biologie/hand/30554. (01.07.2019)
Lexikon der Biologie: *Sensomotorik*. Heidelberg, Spektrum Akademischer Verlag, 1999. URL: https://www.spektrum.de/lexikon/biologie/sensomotorik/61056. (01.07.2019)
Reinberger, Stefanie: *Von Hand gelernt*. In: Spektrum – Die Woche, 20/2015. Heidelberg, Spektrum der Wissenschaft Verlag, 2015. URL: https://www.spektrum.de/news/wie-lernt-man-am-besten-handschrift/1347103. (01.07.2019)
Schmidt-Borcherding, Florian: *Merken wir uns von Hand notierte Dinge besser als getippte?* Heidelberg, Spektrum

der Wissenschaft Verlag, 2014. URL: https://www.spektrum.de/frage/merken-wir-uns-von-hand-notierte-dinge-besser-als-getippte/1323807. (01.07.2019)
Schreibmotorik Institut – *Fachwissen*. URL: https://www.schreibmotorik-institut.com/index.php/de/fakten-und-tipps/fachwissen. (01.07.2019)

2. DIE GESCHICHTE DER SCHREIBSCHRIFT

I. Der römische Ursprung

Andree, Hans: *Normal regular book roman. Ein Beitrag zur Schrift- und Typografiegeschichte*. Göttingen, Wallstein Verlag, 2013.
Ehmcke, Fritz Helmut: *Die historische Entwicklung der abendländischen Schriftformen*. Ravensburg, Verlag Otto Maier, 1927.
Földes-Papp, Károly: *Vom Felsbild zum Alphabet*. Stuttgart/Zürich, Belser Verlag, 1987.
Forsberg, Geith; Forsberg, Karl-Erik: *Schrift. Kleine Schule der Kalligraphie*. Hamburg, Friedrich Wittig Verlag, 1988.
Funke, Fritz: *Buchkunde*. München, Saur, 1999.
Garenfeld, Barbro (Hg.): *Das große Buch der Schreibkultur*. Potsdam, H. F. Ullmann Publishing, 2014.
Haarmann, Harald: *Universalgeschichte der Schrift*. Frankfurt/New York, Campus Verlag, 1990.
Jackson, Donald: *Alphabet. Die Geschichte vom Schreiben*. Frankfurt am Main, Wolfgang Krüger Verlag, 1981.
Kapr, Albert: *Schriftkunst. Geschichte, Anatomie und Schönheit der Lateinischen Buchstaben*. Dresden, VEB Verlag der Kunst, 1976.
Kluge, Mathias (Hg.): *Handschriften des Mittelalters*. Ostfildern, Thorbecke Verlag, 2014.
Korger, Hildegard: *Schrift und Schreiben*. Leipzig, VEB Fachbuchverlag, 1977.
Kuckenburg, Martin: *Eine Welt aus Zeichen. Die Geschichte der Schrift*. Darmstadt, Konrad Theiss Verlag, 2015.
Lohmann, Polly (Hg.): *Historische Graffiti als Quellen*. Stuttgart, Franz Steiner Verlag, 2018.
Meyer, Hans Eduard: *Die Schriftentwicklung*. Zürich, Graphis Press, 1977.
Nerviger, Eugen; Beck, Lisa: *Schriftschreiben Schriftzeichnen*. München, Callwey Verlag, 1983.
Rother, Katja; Sachers, Jan: *Die Schreibwerkstatt – Schrift und Schreiben im Mittelalter*. Zirndorf, G&S Verlag, 2008.
Steffens, Franz: *Lateinische Paläographie*. 2., vermehrte Auflage. Trier 1909.
Tschichold, Jan: *Meisterbuch der Schrift*. Hamburg, Nikol Verlag, 2011.
Weber, Hendrik: *Kursiv. Was die Typografie auszeichnet*. Sulgen, Niggli, 2010.

II. Die Entstehung der Minuskel

Andree, Hans: *Normal regular book roman. Ein Beitrag zur Schrift- und Typografiegeschichte*. Göttingen, Wallstein Verlag, 2013.
Ehmcke, Fritz Helmut: *Die historische Entwicklung der abendländischen Schriftformen*. Ravensburg, Verlag Otto Maier, 1927.
Földes-Papp, Károly: *Vom Felsbild zum Alphabet*. Stuttgart/Zürich, Belser Verlag, 1987.
Forsberg, Geith; Forsberg, Karl-Erik: *Schrift. Kleine Schule der Kalligraphie*. Hamburg, Friedrich Wittig Verlag, 1988.
Funke, Fritz: *Buchkunde*. München, Saur, 1999.
Garenfeld, Barbro (Hg.): *Das große Buch der Schreibkultur*. Potsdam, H. F. Ullmann Publishing, 2014.
Haarmann, Harald: *Universalgeschichte der Schrift*. Frankfurt/New York, Campus Verlag, 1990.
Hartmann, Christine: *Kalligraphie. Die Kunst des schönen Schreibens*. Niedernhausen, Falken Verlag, 1986/87.
Hochedlinger, Michael: *Aktenkunde – Urkunden- und Aktenlehre der Neuzeit*. Wien, Böhlau Verlag, 2009.
Jackson, Donald: *Alphabet. Die Geschichte vom Schreiben*. Frankfurt am Main, Wolfgang Krüger Verlag, 1981.
Kapr, Albert: *Schriftkunst. Geschichte, Anatomie und Schönheit der Lateinischen Buchstaben*. Dresden, VEB Verlag der Kunst, 1976.
Kluge, Mathias (Hg.): *Handschriften des Mittelalters*. Ost-

fildern, Thorbecke Verlag, 2014.
KORGER, HILDEGARD: *Schrift und Schreiben*. Leipzig, VEB Fachbuchverlag, 1977.
KUCKENBURG, MARTIN: *Eine Welt aus Zeichen. Die Geschichte der Schrift*. Darmstadt, Konrad Theiss Verlag, 2015.
MEYER, HANS EDUARD: *Die Schriftentwicklung*. Zürich, Graphis Press, 1977.
NERVIGER, EUGEN; BECK, LISA: *Schriftschreiben Schriftzeichnen*. München, Callwey Verlag, 1983.
PRECHTL , JOHANN JOSEPH VON: *Technologische Encyklopädie oder Alphabetisches Handbuch der Technologie, der technischen Chemie und des Maschinenwesens*. (Schreibfedern S. 487 f.) Band fünf, Stuttgart, Cotta Verlag, 1834.
ROTHER, KATJA; SACHERS, JAN: *Die Schreibwerkstatt – Schrift und Schreiben im Mittelalter*. Zirndorf, G&S Verlag, 2008.
TSCHICHOLD, JAN: *Meisterbuch der Schrift*. Hamburg, Nikol Verlag, 2011.
WEBER, HENDRIK: *Kursiv. Was die Typografie auszeichnet*. Sulgen, Niggli, 2010.

III. Eine aufstrebende Epoche

ANDREE, HANS: *Normal regular book roman. Ein Beitrag zur Schrift- und Typografiegeschichte*. Göttingen, Wallstein Verlag, 2013.
BRENNER, BERND: *Schrift. Setzen*. München, Kokawke Verlag, 1993.
EHMCKE, FRITZ HELMUT: *Die historische Entwicklung der abendländischen Schriftformen*. Ravensburg, Verlag Otto Maier, 1927.
FÖLDES-PAPP, KÁROLY: *Vom Felsbild zum Alphabet*. Stuttgart/Zürich, Belser Verlag, 1987.
FORSBERG, GEITH; FORSBERG, KARL-ERIK: *Schrift. Kleine Schule der Kalligraphie*. Hamburg, Friedrich Wittig Verlag, 1988.
FUNKE, FRITZ: *Buchkunde*. München, Saur, 1999.
GARENFELD, BARBRO (HG.): *Das große Buch der Schreibkultur*. Potsdam, H. F. Ullmann Publishing, 2014.
HAARMANN, HARALD: *Universalgeschichte der Schrift*. Frankfurt/New York, Campus Verlag, 1990.
HARTMANN, CHRISTINE: *Kalligraphie. Die Kunst des schönen Schreibens*. Niedernhausen, Falken Verlag, 1986/87.
JACKSON, DONALD: *Alphabet. Die Geschichte vom Schreiben*. Frankfurt am Main, Wolfgang Krüger Verlag, 1981.
KAPR, ALBERT: *Schriftkunst. Geschichte, Anatomie und Schönheit der Lateinischen Buchstaben*. Dresden, VEB Verlag der Kunst, 1976.
KLUGE, MATHIAS (HG.): *Handschriften des Mittelalters*. Ostfildern, Thorbecke Verlag, 2014.
KORGER, HILDEGARD: *Schrift und Schreiben*. Leipzig, VEB Fachbuchverlag, 1977.
KUCKENBURG, MARTIN: *Eine Welt aus Zeichen. Die Geschichte der Schrift*. Darmstadt, Konrad Theiss Verlag, 2015.
MEYER, HANS EDUARD: *Die Schriftentwicklung*. Zürich, Graphis Press, 1977.
NERVIGER, EUGEN; BECK, LISA: *Schriftschreiben Schriftzeichnen*. München, Callwey Verlag, 1983.
ROTHER, KATJA; SACHERS, JAN: *Die Schreibwerkstatt – Schrift und Schreiben im Mittelalter*. Zirndorf, G&S Verlag, 2008.
TSCHICHOLD, JAN: *Meisterbuch der Schrift*. Hamburg, Nikol Verlag, 2011.

IV. Die Schriften der Humanisten

ANDREE, HANS: *Normal regular book roman. Ein Beitrag zur Schrift- und Typografiegeschichte*. Göttingen, Wallstein Verlag, 2013.
BRENNER, BERND: *Schrift. Setzen*. München, Kokawke Verlag, 1993.
EHMCKE, FRITZ HELMUT: *Die historische Entwicklung der abendländischen Schriftformen*. Ravensburg, Verlag Otto Maier, 1927.
FÖLDES-PAPP, KÁROLY: *Vom Felsbild zum Alphabet*. Stuttgart/Zürich, Belser Verlag, 1987.
FORSBERG, GEITH; FORSBERG, KARL-ERIK: *Schrift. Kleine Schule der Kalligraphie*. Hamburg, Friedrich Wittig Verlag, 1988.
FUNKE, FRITZ: *Buchkunde*. München, Saur, 1999.
HAARMANN, HARALD: *Universalgeschichte der Schrift*. Frankfurt/New York, Campus Verlag, 1990.

Hartmann, Christine: *Kalligraphie. Die Kunst des schönen Schreibens.* Niedernhausen, Falken Verlag, 1986/87.
Jackson, Donald: *Alphabet. Die Geschichte vom Schreiben.* Frankfurt am Main, Wolfgang Krüger Verlag, 1981.
Jessen, Peter: *Meister der Schreibkunst aus drei Jahrhunderten.* Stuttgart, Julius Hoffmann Verlag, 1923.
Kapr, Albert: *Schriftkunst. Geschichte, Anatomie und Schönheit der Lateinischen Buchstaben.* Dresden, VEB Verlag der Kunst, 1976.
Korger, Hildegard: *Schrift und Schreiben.* Leipzig, VEB Fachbuchverlag, 1977.
Kuckenburg, Martin: *Eine Welt aus Zeichen. Die Geschichte der Schrift.* Darmstadt, Konrad Theiss Verlag, 2015.
Meyer, Hans Eduard: *Die Schriftentwicklung.* Zürich, Graphis Press, 1977.
Nerviger, Eugen; Beck, Lisa: *Schriftschreiben Schriftzeichnen.* München, Callwey Verlag, 1983.
Rother, Katja; Sachers, Jan: *Die Schreibwerkstatt – Schrift und Schreiben im Mittelalter.* Zirndorf, G&S Verlag, 2008.
Tschichold, Jan: *Meisterbuch der Schrift.* Hamburg, Nikol Verlag, 2011.
Weber, Hendrik: *Kursiv. Was die Typografie auszeichnet.* Sulgen, Niggli, 2010.

V. Buchdruck & Schreibschulen

Andree, Hans: *Normal regular book roman. Ein Beitrag zur Schrift- und Typografiegeschichte.* Göttingen, Wallstein Verlag, 2013.
Ehmcke, Fritz Helmut: *Die historische Entwicklung der abendländischen Schriftformen.* Ravensburg, Verlag Otto Maier, 1927.
Funke, Fritz: *Buchkunde.* München, Saur, 1999.
Garenfeld, Barbro (Hg.): *Das große Buch der Schreibkultur.* Potsdam, H. F. Ullmann Publishing, 2014.
Haarmann, Harald: *Universalgeschichte der Schrift.* Frankfurt/New York, Campus Verlag, 1990.
Hartmann, Christine: *Kalligraphie. Die Kunst des schönen Schreibens.* Niedernhausen, Falken Verlag, 1986/87.
Hochedlinger, Michael: *Aktenkunde – Urkunden- und Aktenlehre der Neuzeit.* Wien, Böhlau Verlag, 2009.
Jackson, Donald: *Alphabet. Die Geschichte vom Schreiben.* Frankfurt am Main, Wolfgang Krüger Verlag, 1981.
Jessen, Peter: *Meister der Schreibkunst aus drei Jahrhunderten.* Stuttgart, Julius Hoffmann Verlag, 1923.
Kapr, Albert: *Ästhetik der Schriftkunst.* Leipzig, VEB Fachbuchverlag, 1977.
Kapr, Albert: *Schriftkunst. Geschichte, Anatomie und Schönheit der Lateinischen Buchstaben.* Dresden, VEB Verlag der Kunst, 1976.
Petroski, Henry: *Der Bleistift – Die Geschichte eines Gebrauchsgegenstands.* Basel, Birkhäuser Verlag, 1995.
Kuckenburg, Martin: *Eine Welt aus Zeichen. Die Geschichte der Schrift.* Darmstadt, Konrad Theiss Verlag, 2015.
Rother, Katja; Sachers, Jan: *Die Schreibwerkstatt – Schrift und Schreiben im Mittelalter.* Zirndorf, G&S Verlag, 2008.
Weber, Hendrik: *Kursiv. Was die Typografie auszeichnet.* Sulgen, Niggli, 2010.

VI. Die deutsche Schrift

Ehmcke, Fritz Helmut: *Die historische Entwicklung der abendländischen Schriftformen.* Ravensburg, Verlag Otto Maier, 1927.
Funke, Fritz: *Buchkunde.* München, Saur, 1999.
Garenfeld, Barbro (Hg.): *Das große Buch der Schreibkultur.* Potsdam, H. F. Ullmann Publishing, 2014.
Hartmann, Christine: *Kalligraphie. Die Kunst des schönen Schreibens.* Niedernhausen, Falken Verlag, 1986/87.
Jackson, Donald: *Alphabet. Die Geschichte vom Schreiben.* Frankfurt am Main, Wolfgang Krüger Verlag, 1981.
Jessen, Peter: *Meister der Schreibkunst aus drei Jahrhunderten.* Stuttgart, Julius Hoffmann Verlag, 1923.
Kapr, Albert: *Schriftkunst. Geschichte, Anatomie und Schönheit der Lateinischen Buchstaben.* Dresden, VEB Verlag der Kunst, 1976.
Korger, Hildegard: *Schrift und Schreiben.* Leipzig, VEB Fachbuchverlag, 1977.
Nerviger, Eugen; Beck, Lisa: *Schriftschreiben Schriftzeichnen.* München, Callwey Verlag, 1983.

Steiner-Welz, Sonja: *Von der Schrift und den Schriftarten. Von der Schrift und den Schriftzeichen.* Band 2, Mannheim, Reinhard Walz Vermittler Verlag, 2003.
Süss, Harald: *Deutsche Schreibschrift – Lesen und Schreiben lernen.* Augsburg, Augustus Verlag, 1995.

3. REFORMEN DES 20. JAHRHUNDERTS

I. Sütterlins neue Schrift

Braun, Manfred: *Deutsche Schreibschrift – Kurrent und Sütterlin lesen lernen.* Knaur Kreativ, 2015.
Hartmann, Christine: *Kalligraphie. Die Kunst des schönen Schreibens.* Niedernhausen, Falken Verlag, 1986/87.
Osterer, Heidrun; Stamm, Philipp: *Adrian Frutiger – Schriften: Das Gesamtwerk.* Basel, Birkhäuser, 2014.
Steiner-Welz, Sonja: *Sütterlin Schreibschrift.* Mannheim, Reinhard Welz Vermittler Verlag, 2007.
Steiner-Welz, Sonja: *Von der Schrift und den Schriftarten. Von der Schrift und den Schriftzeichen.* Band 4, Mannheim, Reinhard Walz Vermittler Verlag, 2006.
Süss, Harald: *Deutsche Schreibschrift – Lesen und Schreiben lernen.* Augsburg, Augustus Verlag, 1995.
Sütterlin, Ludwig: *Neuer Leitfaden für den Schreibunterricht.* Berlin, Verlag Albrecht-Dürer-Haus, 1917.

Onlinequellen:
Der Bund für deutsche Schrift und Sprache e. V.: *Schriftgeschichte.* URL: https://www.bfds.de/der-bund/schriftgeschichte/. (01.07.2019)
Sütterlinstube Cottbus: *Sütterlin.* URL: https://www.sütterlinstube.de/suetterlin.html. (01.07.2019)
Freunde der deutschen Kurrentschrift: *Die Schreibschrift.* URL: http://www.deutsche-kurrentschrift.de/index.php?s=schriftgeschichte_antiqua_8. (01.07.2019)

II. Die Offenbacher Schrift

Braun, Manfred: *Deutsche Schreibschrift – Kurrent und Sütterlin lesen lernen.* Knaur Kreativ, 2015.
Egerer, Helmut: *Schreibschriften – Künstlerisches Kalligrafieren für Einsteiger.* Augsburg, Augustus Verlag, 2000.
Funke, Fritz: *Buchkunde.* München, Saur, 1999.
Hartmann, Christine: *Kalligraphie. Die Kunst des schönen Schreibens.* Niedernhausen, Falken Verlag, 1986/87.
Jackson, Donald: *Alphabet. Die Geschichte vom Schreiben.* Frankfurt am Main, Wolfgang Krüger Verlag, 1981.
Kapr, Albert: *Schriftkunst. Geschichte, Anatomie und Schönheit der Lateinischen Buchstaben.* Dresden, VEB Verlag der Kunst, 1976.
Koch, Rudolf: *Die Offenbacher Schrift.* Berlin, Verlag für Schriftkunde Heintze & Blanckertz, 1940.
Steiner-Welz, Sonja: *Von der Schrift und den Schriftarten. Von der Schrift und den Schriftzeichen.* Band 4, Mannheim, Reinhard Walz Vermittler Verlag, 2006.
Süss, Harald: *Deutsche Schreibschrift – Lesen und Schreiben lernen.* Augsburg, Augustus Verlag, 1995.

III. Die entarteten Schriften

Hochedlinger, Michael: *Aktenkunde – Urkunden- und Aktenlehre der Neuzeit.* Wien, Böhlau Verlag, 2009.
Plata, Michael: *Die Abschaffung der Deutschen Schrift in schleswig-holsteinischen Tageszeitungen 1941–44.* In: Demokratische Geschichte Jahrbuch. Band 12, Malente, 1999.
Steiner-Welz, Sonja: *Von der Schrift und den Schriftarten. Von der Schrift und den Schriftzeichen.* Band 4, Mannheim, Reinhard Walz Vermittler Verlag, 2006.
Süss, Harald: *Deutsche Schreibschrift – Lesen und Schreiben lernen.* Augsburg, Augustus Verlag, 1995.
Waize, Alfred: *Die Welt der Schreibmaschinen.* Erfurt, Desotron Verlagsgesellschaft, 1998.

IV. Schreiben will gelernt sein

Bartnitzky, Horst; Hecker, Ulrich (Hg.): *Grundschrift – Kinder entwickeln ihre Handschrift.* Frankfurt am Main, Grundschulverband, 2016.
Bartnitzky, Horst: *Welche Schreibschrift passt am besten zum Grundschulunterricht heute?* In: Grundschule aktuell, Heft 91, September 2015.
Bosse, Heinrich: *»Die Schüler müßen selbst schreiben lernen«*

oder die Einrichtung der Schiefertafel. In: *Schreiben als Kulturtechnik – Grundlagentexte.* Herausgegeben von Sandro Zanetti. Berlin, Suhrkamp Verlag, 2012. S. 67–111.
JEUK, STEFAN; SCHÄFER, JOACHIM: *Schriftsprache erwerben - Didaktik für die Grundschule.* Berlin, Cornelsen Scriptor, 2013.
KAPR, ALBERT: *Schriftkunst. Geschichte, Anatomie und Schönheit der Lateinischen Buchstaben.* Dresden, VEB Verlag der Kunst, 1976.
MARHOFER, CHRISTINA: *Schreibenlernen mit graphomotorisch vereinfachten Schreibvorgaben.* Bad Heilbrunn, Verlag Julius Klinkhardt, 2004.
MARHOFER-BERNT, CHRISTINA: *Schreibenlernen mit der Hand: Populäre Mythen und Irrtümer.* In: Grundschule aktuell, Heft 110, Mai 2010.
MENZEL, WOLFGANG: *Plädoyer für eine Schrift ohne normierte Verbindungen.* In: Grundschule aktuell, Heft 110, Mai 2010.
STAATSINSTITUT FÜR SCHULQUALITÄT UND BILDUNGSFORSCHUNG (HG.): *Materialien zur Vereinfachten Ausgangsschrift.* München, 2006.
TOPSCH, WILHELM: *Grundkompetenz Schriftspracherwerb.* Weinheim, Beltz, 2005.
TOST, RENATE: *Zur Entwicklung der vereinfachten Schulausgangsschrift der DDR 1968 von Elisabeth Kaestner und Renate Tost.* Ausstellungs-Tafeln des Stadtarchiv Dresden bis 2008.

Onlinequellen:
LEXIKON DER BIOLOGIE: *Schiefer.* Heidelberg, Spektrum Akademischer Verlag, 1999. URL: https://www.spektrum.de/lexikon/biologie/schiefer/59174. (01.07.2019)

4. PRÄSENS & FUTUR DER KURSIVEN

I. Zwischen Technik & Ästhetik

GARENFELD, BARBRO (HG.): *Das große Buch der Schreibkultur.* Potsdam, H. F. Ullmann Publishing, 2014.

Onlinequellen:
FÜLLER, CHRISTIAN: *Die Handschrift soll Gedanken fliegen lassen.* In: Frankfurter Allgemeine, Politik, 10.05.2014. URL: https://www.faz.net/aktuell/politik/cornelia-funke-die-handschrift-soll-gedanken-fliegen-lassen-12933060.html. (01.07.2019)

II. Diskussion über die Schreibschrift

BARTNITZKY, HORST; HECKER, ULRICH (HG.): *Grundschrift – Kinder entwickeln ihre Handschrift.* Frankfurt am Main, Grundschulverband, 2016.
WAIZE, ALFRED: *Die Welt der Schreibmaschinen.* Erfurt, Desotron Verlagsgesellschaft, 1998.

Onlinequellen:
BUSCH, FABIAN: *Das Tablet ist nur Mittel zum Zweck.* In: Süddeutsche Zeitung, Bildung, 16.04.2018, URL: https://www.sueddeutsche.de/bildung/digitalisierung-das-tablet-ist-nur-mittel-zum-zweck-1.3943993. (01.07.2019)
HIMMELRATH, ARMIN: *Finnland schafft die Schreibschrift ab.* In: Spiegel Online, 13.01.2015, URL: https://www.spiegel.de/lebenundlernen/schule/schule-pisa-sieger-finnland-will-handschrift-abschaffen-a-1012000.html. (01.07.2019)
HINRICHS, DÖRTE: *Schreibunterricht an Schulen – Handschrift vom Aussterben bedroht.* In: Deutschlandfunk, Kultur- und Sozialwissenschaften, 16.11.2017, URL: https://www.deutschlandfunk.de/schreibunterricht-an-schulen-handschrift-vom-aussterben.1148.de.html?dram:article_id=400805. (01.07.2019)
KOHLMAIER, MATTHIAS: *Tastatur schlägt Stift – oder umgekehrt?* In: Süddeutsche Zeitung, Bildung, 12.01.2015, URL: https://www.sueddeutsche.de/bildung/handschrift-in-der-grundschule-tastatur-schlaegt-stift-oder-umgekehrt-1.2296730. (01.07.2019)
LÜBKE, FRIEDERIKE: *An der Handschrift halten wir fest.* In: Welt, Wirtschaft, 01.01.2018, URL: https://www.welt.de/wirtschaft/karriere/bildung/article172063552/Lehrer-An-der-Handschrift-halten-wir-fest.html. (01.07.2019)
SCHEER, URSULA: *Finnland ohne Schreibschrift – Schreibst du noch, oder tippst du schon.* In: Frankfurter Allgemeine, Feuilleton, 14.01.2015, URL: https://www.faz.net/aktuell/feuilleton/finnland-ohne-schreibschrift-schreibst-du-noch-oder-tippst-du-schon-13368180.html. (01.07.2019)

III. Die Zukunft der Schrift

FÖLDES-PAPP, KÁROLY: *Vom Felsbild zum Alphabet*. Stuttgart/Zürich, Belser Verlag, 1987.

GARENFELD, BARBRO (HG.): *Das große Buch der Schreibkultur*. Potsdam, H. F. Ullmann Publishing, 2014.

HAARMANN, HARALD: *Universalgeschichte der Schrift*. Frankfurt/New York, Campus Verlag, 1990.

KUCKENBURG, MARTIN: *Eine Welt aus Zeichen. Die Geschichte der Schrift*. Darmstadt, Konrad Theiss Verlag, 2015.

Onlinequellen:

COULMAS, FLORIAN: *Lettern der Macht*. In: Süddeutsche Zeitung, Kultur, 17.05.2010, URL: https://www.sueddeutsche.de/kultur/die-zukunft-der-schrift-lettern-der-macht-1.202134. (01.07.2019)

Bildnachweis

Buchumschlag: Foto: Lena Zeise.

Titelei: Von der Autorin gestaltete Abbildung.

Vorsatz: Foto: Lena Zeise.

1 Von der Autorin gestaltete Abbildung.

2 Bamberg, Staatsbibliothek, Msc.Bibl.50: Expositio in psalmum CXVIII, lr, Foto: GERALD RAAB, CC-BY-SA 4.0.

3 Von der Autorin gestaltete Abbildung.

4 Zürich, Zentralbibliothek, Hirt C. ZEI 1.0016.002 Pp: Monogrammist CH: Fünf Planeten und Gottheiten, Mercurius, Jupiter, Mars Venus, [S.l.], [ca. 166-], (http://doi.org/10.7891/e-manuscripta-35483 /), Public Domain Mark.

5 Basel, Universitätsbibliothek, A VI 38: Johannes-Evangelista-Libellus, 26r, (http://www.e-codices.ch/de/list/one/ubb/A-VI-0038), Public Domain Mark.

6 Bamberg, Staatsbibliothek, Msc.Patr.17: Augustinus, Sermones, De spiritu et littera. Alkuin, De laude Dei (Gebetssammlung), Miracula Nyniae, Foto: GERALD RAAB, CC-BY-SA 4.0.

7 Basel, Universitätsbibliothek, A III 19: Koran, 2v, (http://www.e-codices.ch/de/list/one/ubb/A-III-0019), Public Domain Mark.

8 Von der Autorin gestaltete Abbildung.

9 STEFFENS, FRANZ: *Lateinische Paläographie*. 2., vermehrte Auflage. Trier, 1909. Schrifttafel Nr. 2.

10 LVR-Amt für Bodendenkmalpflege im Rheinland, Matronenstein Haus Bürgel OV_2014_0033_6, Foto: JÜRGEN VOGEL (LVR Landesmuseum Bonn)

11 Schaffhausen, Stadtbibliothek, Ministerialbibliothek, Min. 11: Hieronymus, Expositio in 12 prophetas minores, pars prima, 1v, 2r (http://www.e-codices.ch/de/list/one/sbs/min0011), Public Domain Mark.

12 Schweizerische Nationalbibliothek, SLA-Rhyn-11-k/08: Urkunde des Schultheissen und Rates der Stadt Frauenfeld für Hans Breu aus dem Wallis, 1647, (http://doi.org/10.7891/e-manuscripta-71389 /), Public Domain Mark.

13 STEFFENS, FRANZ: *Lateinische Paläographie*. 2., vermehrte Auflage. Trier, 1909. Schrifttafel Nr. 59.

14 Bamberg, Staatsbibliothek, Autogr. H 36: Beurteilung eines Romananfangs. Foto: GERALD RAAB, CC-BY-SA 4.0.

15 Von der Autorin gestaltete Abbildung.

16 Mit freundlicher Genehmigung von P. Zeise.

17 Mit freundlicher Genehmigung von P. Zeise.

18 Mit freundlicher Genehmigung von P. Zeise.

19 Von der Autorin gestaltete Abbildung.

20 Foto: Lena Zeise.

21 Mit freundlicher Genehmigung von C. Ewald.

22 Handschrift M. Heitland mit freundlicher Genehmigung von J. Freese und B. Ziethen.

23 Foto: Lena Zeise.

24 Von der Autorin gestaltete Abbildung.

25 Steffens, Franz: *Lateinische Paläographie*. 2., vermehrte Auflage. Trier, 1909. Schrifttafel Nr. 7.

26 Steffens, Franz: *Lateinische Paläographie*. 2., vermehrte Auflage. Trier, 1909. Schrifttafel Nr. 4.

27 Steffens, Franz: *Lateinische Paläographie*. 2., vermehrte Auflage. Trier, 1909. Schrifttafel Nr. 12.

28 Dergering, Hermann: *Die Schrift – Atlas des Abendlandes vom Altertum zum Ausgang des 18. Jahrhunderts*. Berlin, Wasmuth Verlag, 1929. Bildtafel Nr. 29.

29 Dergering, Hermann: *Die Schrift – Atlas des Abendlandes vom Altertum zum Ausgang des 18. Jahrhunderts*. Berlin, Wasmuth Verlag, 1929. Bildtafel Nr. 33.

30 Steffens, Franz: *Lateinische Paläographie*. 2., vermehrte Auflage. Trier, 1909. Schrifttafel Nr. 20.

31 Dergering, Hermann: *Die Schrift – Atlas des Abendlandes vom Altertum zum Ausgang des 18. Jahrhunderts*. Berlin, Wasmuth Verlag, 1929. Bildtafel Nr. 7.

32 Steffens, Franz: *Lateinische Paläographie*. 2., vermehrte Auflage. Trier, 1909. Schrifttafel Nr. 13.

33 Steffens, Franz: *Lateinische Paläographie*. 2., vermehrte Auflage. Trier, 1909. Schrifttafel Nr. 24.

34 Steffens, Franz: *Lateinische Paläographie*. 2., vermehrte Auflage. Trier, 1909. Schrifttafel Nr. 1.

35 Gießen, Universitätsbibliothek der Justus-Liebig-Universität, Giessener Papyri- und Ostrakadatenbank, P. Iand. inv. 210: Cicero, In Verrem II 2 (recto).

36 Steffens, Franz: *Lateinische Paläographie*. 2., vermehrte Auflage. Trier, 1909. Schrifttafel Nr. 32.

37 Steffens, Franz: *Lateinische Paläographie*. 2., vermehrte Auflage. Trier, 1909. Schrifttafel Nr. 66.

38 Steffens, Franz: *Lateinische Paläographie*. 2., vermehrte Auflage. Trier, 1909. Schrifttafel Nr. 68.

39 Steffens, Franz: *Lateinische Paläographie*. 2., vermehrte Auflage. Trier, 1909. Schrifttafel Nr. 25.

40 Mit der Erlaubnis des Ministeriums für Kulturgüter und -aktivitäten, Museo Archeologico Nazionale di Napoli.

41 Von der Autorin gestaltete Abbildung.

42 Heidelberg, Universitätsbibliothek, Cod. Pal. germ. 112: Rolandslied, 119r, (urn:nbn:de:bsz:16-diglit-382), Public Domain Mark.

43 Rijksmuseum, Amsterdam. Public Domain Mark.

44 Bamberg, Staatsbibliothek, Msc.Bibl.1: Alkuin-Bibel, 2r, Foto: Gerald Raab, CC-BY-SA 4.0.

45 Steffens, Franz: *Lateinische Paläographie*. 2., vermehrte Auflage. Trier, 1909. Schrifttafel Nr. 41.

46 Basel, Universitätsbibliothek, AN IV 18: Claudii Caesaris Arati Phaenomena, 2v, 8v, (http://www.e-codices.ch/de/list/one/ubb/AN-IV-0018), Public Domain Mark.

47 Links: Basel, Universitätsbibliothek, AN IV 18: Claudii Caesaris Arati Phaenomena, 9v, (http://www.e-codices.ch/de/list/one/ubb/AN-IV-0018), Public Domain Mark.
Mitte: Basel, Universitätsbibliothek, F III 15e: Theodori und Theodulfus Aurelianensis, Ordo ad paenitentiam dandam, Ps. Augustinus, Hrabanus Maurus, Ambrosius Autpertus, Praecepta vivendi et al, 11r, (http://www.e-codices.ch/de/list/one/ubb/F-III-0015e), Public Domain Mark.
Rechts: Schaffhausen, Stadtbibliothek, Ministerialbibliothek, Min. 75: Julianus Toletanus, Liber Baruch, Capitularia, Theganus, 5r, (http://www.e-codices.ch/de/list/one/sbs/min0075), Public Domain Mark.

48 Bamberg, Staatsbibliothek, Msc. Can. 2: Canones. Halitgarius, Poenitentiale, Foto: Gerald Raab, CC-BY-SA 4.0.

49 Bamberg, Staatsbibliothek, Msc. Med. 1: Lorscher Arzneibuch, 13v, 14r, Foto: Gerald Raab, CC-BY-SA 4.0.

50 Von der Autorin gestaltete Abbildung.

51 Basel, Universitätsbibliothek, A II 11: Nycolaus de Lyra,

Postilla super Evangelia Iohannis, Lucae et Marci, postilla super Tobiam et Baruch, 143v, (http://www.e-codices.ch/de/list/one/ubb/A-II-0011), Public Domain Mark.

52 Schaffhausen, Stadtbibliothek, Ministerialbibliothek, Min. 8: Evangeliar, 17v, (http://www.e-codices.ch/de/list/one/sbs/min0008), Public Domain Mark.

53 Basel, Universitätsbibliothek, F IV 44: Ami et Amile, 8r, (http://www.e-codices.ch/de/list/one/ubb/F-IV-0044), Public Domain Mark.

54 Basel, Universitätsbibliothek, L II 22: Maehly, Jakob: Mittelalterliche Maschinen. 16. Jahrhundert, 2r, (http://doi.org/10.7891/e-manuscripta-19095 /), Public Domain Mark.

55 Basel, Universitätsbibliothek, C V 16: Godefridus de Trano: Summa super rubricis decretalium, 12v, (http://www.e-codices.ch/de/list/one/ubb/C-V-0016), Public Domain Mark.

56 Basel, Universitätsbibliothek, A X 72: Petrus Siber, Lectura super Petri Lombardi libros 1 et 2 sententiarum, 267r, (http://www.e-codices.ch/de/list/one/ubb/A-X-0072), Public Domain Mark.

57 Schweizerische Nationalbibliothek, SLA-Rhyn-11-k/03: Leopold (?IV.) von Österreich: Urkunde, Kyburg, 1397, (http://doi.org/10.7891/e-manuscripta-71384 /), Public Domain Mark.

58 Basel, Universitätsbibliothek, C V 28: Johannes Wydenroyd, Manuale rotae concilii Basiliensis, pars 2, 486r, (http://www.e-codices.ch/de/list/one/ubb/C-V-0028), Public Domain Mark.

59 Von der Autorin gestaltete Abbildung nach fotografischen Vorlagen des Tintenfass-Museums in Adligenswil mit freundlicher Genehmigung von E. Durrer.

60 Rijksmuseum, Amsterdam. Public Domain Mark.

61 Basel, Universitätsbibliothek, F VIII 14: Titus Lucretius Carus, De rerum natura libri sex, 1r, (http://www.e-codices.ch/de/list/one/ubb/F-VIII-0014), Public Domain Mark.

62 Rijksmuseum, Amsterdam. Public Domain Mark.

63 Rijksmuseum, Amsterdam. Public Domain Mark.

64 Basel, Universitätsbibliothek, E III 15: Humanistica, 99r, 287r, (http://www.e-codices.ch/de/list/one/ubb/E-III-0015), Public Domain Mark.

65 Gutenberg-Museum, Mainz, Breve von Papst Leo X.

66 Rijksmuseum, Amsterdam. Public Domain Mark.

67 Rijksmuseum, Amsterdam. Public Domain Mark.

68 Rijksmuseum, Amsterdam. Public Domain Mark.

69 Rijksmuseum, Amsterdam. Public Domain Mark.

70 Schaffhausen, Stadtbibliothek, Ministerialbibliothek, Min. 28: Augustinus, (http://www.e-codices.ch/de/list/one/sbs/min0028), Public Domain Mark.

71 Von der Autorin gestaltete Abbildung.

72 Rijksmuseum, Amsterdam. Public Domain Mark.

73 Rijksmuseum, Amsterdam. Public Domain Mark.

74 Rijksmuseum, Amsterdam. Public Domain Mark.

75 Rijksmuseum, Amsterdam. Public Domain Mark.

76 Rijksmuseum, Amsterdam. Public Domain Mark.

77 Rijksmuseum, Amsterdam. Public Domain Mark.

78 Von der Autorin gestaltete Abbildung mit freundlicher Genehmigung der Firma Faber-Castell Aktiengesellschaft.

79 Bamberg, Staatsbibliothek, Autogr. H 66: Brief von E. T. A. Hoffmann an Ludwig Devrient, Foto: Gerald Raab, CC-BY-SA 4.0.

80 Rijksmuseum, Amsterdam. Public Domain Mark.

81 Rijksmuseum, Amsterdam. Public Domain Mark.

82 Rijksmuseum, Amsterdam. Public Domain Mark.

83 Zürich, Zentralbibliothek, Res 967,2: Wyss, Urban: Libellus valde doctus, elegans, & utilis, multa & varia scribendarum literarum genera complectens, Impressum Tiguri : per Urb. Wys., anno 1549, 93, (https://doi.org/10.3931/e-rara-5214 /), Public Domain Mark.

84 Rijksmuseum, Amsterdam. Public Domain Mark.

85 Mit freundlicher Genehmigung von C. Niggemann.

86 Foto: Lena Zeise.

87 Rijksmuseum, Amsterdam. Public Domain Mark.

88 Basel, Universitätsbibliothek, kl V 2: Hanhart, Rudolf: Anleitung zum Gebrauch der lithographirten deutschen Schreibvorlagen in Kurrent- und Kanzleischrift für die Schulen des Kantons Basel, Basel : gedruckt bei August Wieland, Universitäts-Buchdrucker, 1824, Bildtafel, (https://doi.org/10.3931/e-rara-40399 /), Public Domain Mark.

89 Mit freundlicher Genehmigung von C. Niggemann.

90 Foto: Lena Zeise.

91 Mit freundlicher Genehmigung von C. NIGGEMANN.
92 Foto: Lena Zeise.
93 Foto: Lena Zeise.
94 Von der Autorin gestaltete Abbildung mit freundlicher Genehmigung der Firma ExaClair (Marke Brause).
95 Wikimedia Commons, Digitales Schriftarchiv zum Klingspor Museum Offenbach. Public Domain Mark.
96 SÜTTERLIN, LUDWIG: *Neuer Leitfaden für den Schreibunterricht*. Berlin, Verlag Albrecht-Dürer-Haus, 1917. Umschlag.
97 SÜTTERLIN, LUDWIG: *Neuer Leitfaden für den Schreibunterricht*. Berlin, Verlag Albrecht-Dürer-Haus, 1917. S. 42, 85.
98 Foto: Lena Zeise.
99 SÜTTERLIN, LUDWIG: *Neuer Leitfaden für den Schreibunterricht*. Berlin, Verlag Albrecht-Dürer-Haus, 1917. S. 53.
100 Mit freundlicher Genehmigung von B. ZIETHEN.
101 FEDERAU, WOLFGANG: *Sybille und ihr Soldat*. Franz Schneider Verlag, Berlin und Leipzig, 1940. Mit freundlicher Genehmigung des Egmont Verlags und seiner Marke Schneiderbuch (ehemals Franz Schneider Verlag).
102 Foto: Lena Zeise.
103 Von der Autorin gestaltete Abbildung mit freundlicher Genehmigung der Firma ExaClair (Marke Brause).
104 Wikimedia Commons, Rai'ke: *Offenbacher Schrift - Schriftprobe (selbst geschrieben)*. Public Domain Mark.
105 Klingspor Museum, Stadt Offenbach am Main.
106 KOCH, RUDOLF: *Die Offenbacher Schrift*. Berlin/Leipzig, Verlag für Schriftkunde Heintze & Blanckertz, 1940, S. 41 f.
107 KOCH, RUDOLF: *Die Offenbacher Schrift*. Berlin/Leipzig, Verlag für Schriftkunde Heintze & Blanckertz, 1940, S. 13.
108 KOCH, RUDOLF: *Die Offenbacher Schrift*. Berlin/Leipzig, Verlag für Schriftkunde Heintze & Blanckertz, 1940, S. 46 f.
109 Von der Autorin gestaltete Abbildung mit freundlicher Genehmigung der Firmen Soennecken eG und Manuscript Pen Company Ltd (ehemals D. Leonardt & Co).
110 Bundesarchiv Berlin (BArch), NS 6/334, Bl. 8 Vorderseite.
111 Bundesarchiv Berlin (BArch), NS 6/334, Bl. 8 Rückseite.
112 KUKOVICA, FRANC: *Als uns die Sprache verboten wurde. Eine Kindheit in Kärnten (1938–1944)*. Drava Verlag, Klagenfurt, 2008.
113 Foto: Lena Zeise.
114 Foto: Lena Zeise.
115 Von der Autorin gestaltete Abbildung.
116 Mit freundlicher Genehmigung von D. ZEISE.
117 Foto: SIK-ISEA, Zürich (PHILIPP HITZ). Besitzer: Kunstmuseum Winterthur.
118 Von der Autorin gestaltete Abbildung.
119 Mit freundlicher Genehmigung von P. ZEISE.
120 Rijksmuseum, Amsterdam. Public Domain Mark.
121 Handschrift M. HEITLAND mit freundlicher Genehmigung von J. FREESE und B. ZIETHEN.
122 Von der Autorin gestaltete Abbildung.
123 Abbildung Tablet erstellt auf Grundlage von Freepik.com, Handschrift mit freundlicher Genehmigung von D. ZEISE.
124 Rijksmuseum, Amsterdam. Public Domain Mark.
125 Foto: Lena Zeise mit Genehmigung der Schreiber.
126 Handschrift M. HEITLAND mit freundlicher Genehmigung von J. FREESE und B. ZIETHEN.
127 Von der Autrorin gestaltete Abbildung mit freundlicher Genehmigung von Pelikan.
128 Mit freundlicher Genehmigung von C. FUNKE.
129 Von der Autorin gestaltete Abbildung mit freundlicher Genehmigung der Firmen C. Josef Lamy GmbH, STABILO International GmbH, Faber-Castell Aktiengesellschaft und edding International GmbH.
130 Rijksmuseum, Amsterdam. Public Domain Mark.
131 Rijksmuseum, Amsterdam. Public Domain Mark.
132 Von der Autorin gestaltete Abbildung.
133 Rijksmuseum, Amsterdam. Public Domain Mark. (Smiley wurde von der Autorin gestaltet.)
134 Rijksmuseum, Amsterdam. Public Domain Mark. (Nachrichtenfeld wurde von der Autorin gestaltet.)
135 Von der Autorin gestaltete Abbildung.

Dank

Ich möchte mich ganz herzlich bei den vielen Menschen (und Institutionen) bedanken, die mich bei diesem Projekt unterstützt haben, sei es mit Ratschlägen oder schönen Schriften.

Danke an den Haupt Verlag, dass er sich für dieses Thema ebenso begeistern konnte wie ich und mir die Zeit und das Vertrauen schenkte, das Buch umzusetzen. Für das Lektorat und die fachliche Unterstützung geht mein Dank an Frau Heidi Müller, die mir stets geholfen hat, wenn ich nicht weiter wusste. Bei Frau Antje Krause, die ebenfalls als Lektorin an diesem Buch beteiligt war, möchte ich mich auch bedanken.
Trotz umfangreicher Überarbeitung war der Grundstein für diese Arbeit meine Bachelorarbeit, geschrieben und gestaltet 2016 an der Fachhochschule Münster. Ein besonderer Dank gilt daher meinen Professoren Hartmut Brückner und Marcus Herrenberger für die inhaltliche, fachliche und persönliche Betreuung.
Darüber hinaus danke ich meiner Familie, insbesondere meiner Mutter Petra Zeise – die jetzt über ein umfangreiches Wissen über Schreibschriften verfügt – und meinen Freunden und Bekannten, die mit ihrem Engagement dieses Projekt bereichert haben. Ein großes Dankeschön geht an Christian Ewald, der spontan einen kalligrafischen Schriftfluss für diese Arbeit erstellte.

Zum Schluss möchte ich noch den vielen Institutionen danken, die ihre Sammlungen digitalisieren und der Öffentlichkeit gemeinfrei zur Verfügung stellen, allen voran der Universitätsbibliothek Basel, der Zentralbibliothek Zürich, der Schaffhauser Stadtbibliothek und der Staatsbibliothek Bamberg mit ihren Bamberger Schätzen. Zudem möchte ich mich beim Rijksmuseum Amsterdam bedanken, das mit seiner Aktion Rijksstudio seine wundervolle Sammlung ebenfalls in einem großen Rahmen der Öffentlichkeit zugänglich macht.

Danke an all die vielen Menschen, die freundlich und geduldig meine (An-)Fragen beantwortet haben. Jede positive Antwort hat zu diesem Buch beigetragen.

Impressum

Illustrationen, Fotografie, Gestaltung und Satz: Lena Zeise, D-Münster
Lektorat: Antje Krause

1. Auflage 2020

Diese Publikation ist in der Deutschen Nationalbibliografie verzeichnet.
Mehr Informationen dazu finden Sie unter http://dnb.dnb.de

ISBN 978-3-258-60215-8

Alle Rechte vorbehalten.
Copyright © 2020 Haupt Bern
Jede Art der Vervielfältigung ohne Genehmigung des Verlages ist unzulässig.

Gedruckt in Italien

Dieses Buch wurde auf FSC-zertifiziertem Papier gedruckt.

Der Haupt Verlag wird vom Bundesamt für Kultur mit einem Strukturbeitrag für die Jahre 2016–2020 unterstützt.

Wir haben uns bemüht, sämtliche Copyright-Inhaber ausfindig zu machen. Falls wir etwas übersehen haben, wenden Sie sich bitte an den Verlag, damit wir den Fehler in weiteren Auflagen korrigieren können.

Wünschen Sie regelmäßig Informationen über unsere neuen Titel zum Gestalten? Möchten Sie uns zu einem Buch ein Feedback geben? Haben Sie Anregungen für unser Programm? Dann besuchen Sie uns im Internet auf www.haupt.ch.
Dort finden Sie aktuelle Informationen zu unseren Neuerscheinungen und können unseren Newsletter abonnieren.

www.haupt.ch